Dr. Iraj Bazargan

Utilização de nanomateriais no tratamento de águas residuais industriais

Dr. Iraj Bazargan

Utilização de nanomateriais no tratamento de águas residuais industriais

Imprint
Any brand names and product names mentioned in this book are subject to trademark, brand or patent protection and are trademarks or registered trademarks of their respective holders. The use of brand names, product names, common names, trade names, product descriptions etc. even without a particular marking in this work is in no way to be construed to mean that such names may be regarded as unrestricted in respect of trademark and brand protection legislation and could thus be used by anyone.

Cover image: www.ingimage.com

This book is a translation from the original published under ISBN 978-620-6-77560-7.

Publisher:
Sciencia Scripts
is a trademark of
Dodo Books Indian Ocean Ltd. and OmniScriptum S.R.L publishing group

120 High Road, East Finchley, London, N2 9ED, United Kingdom
Str. Armeneasca 28/1, office 1, Chisinau MD-2012, Republic of Moldova, Europe
Managing Directors: Ieva Konstantinova, Victoria Ursu
info@omniscriptum.com

Printed at: see last page
ISBN: 978-620-8-40020-0

Dedicado aos Anjos Misericordiosos que:

O senhor dos mundos, que começou a guiar os seus servos com o ensinamento da pena.

Os meus pais, cuja presença é para mim uma coroa de honra e cujo nome é a razão da minha existência, porque estas duas existências, depois do Senhor, foram a fonte da minha existência, pegaram na minha mão e ensinaram-me a caminhar neste vale cheio de altos e baixos.

Conteúdo

Capítulo I

Nanomateriais e sua aplicação na indústria

Introdução

Os nanomateriais são compostos por pequenas unidades entre 1 e 100 nanómetros em pelo menos uma dimensão. Os nanomateriais são, na verdade, substâncias químicas produzidas em escala muito reduzida sem alterar as suas propriedades principais, como o aumento do poder de reação química ou da condutividade.

Embora estes compostos sejam agora amplamente utilizados, os cientistas ainda não chegaram a acordo sobre a sua definição exacta, mas concordam que estes materiais são suficientemente pequenos para serem medidos à escala nanométrica. Um nanómetro é a milionésima parte de um milímetro, o que significa que se pode dizer que é quase 100.000 vezes mais pequeno do que o diâmetro de um cabelo humano. As partículas de tamanho nanométrico existem na natureza e podem ser criadas a partir de vários produtos, como o carbono ou minerais como a prata, mas os materiais nanométricos, por definição, têm de ter, pelo menos, uma dimensão cujo tamanho seja aproximadamente inferior a 100 nm.

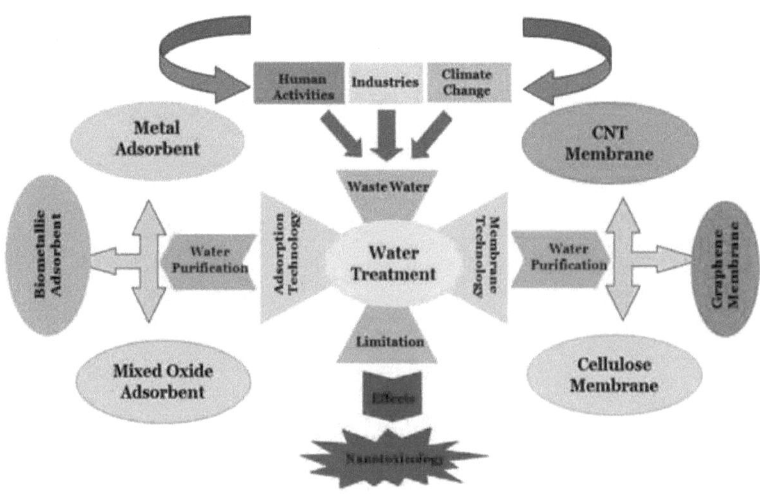

Figura 1. Tendência atual da aplicação de nanopartículas no tratamento e purificação de águas residuais

A maioria dos nanomateriais é demasiado pequena para ser vista a olho nu e mesmo com microscópios convencionais de laboratório. Os materiais concebidos a uma escala tão pequena são frequentemente designados por nanomateriais artificiais (ENM), que podem atingir propriedades ópticas, magnéticas e eléctricas únicas. Estas propriedades subtis oferecem o potencial para grandes efeitos na eletrónica, na medicina e noutros domínios, incluindo:

✓ A nanotecnologia pode ser utilizada para conceber medicamentos que podem ter como alvo órgãos ou células específicas do corpo, como as células cancerígenas, e aumentar a eficácia do tratamento;

✓ Os nanomateriais podem também ser adicionados ao cimento, ao tecido e a outros materiais para os tornar mais fortes e mais leves;

✓ O tamanho destes compostos torna-os muito úteis na eletrónica, podendo também ser utilizados para reparar e neutralizar toxinas no ambiente ou como produtos de limpeza.

Métodos de fabrico de nanomateriais

Atualmente, não existe apenas um tipo específico de nanomateriais e, teoricamente, os nanomateriais são feitos de minerais e de quase todas as substâncias químicas, e de acordo com a composição, as dimensões dos nanomateriais, a forma, o revestimento da superfície e a força das ligações das partículas.

Os nanomateriais são constituídos por diferentes tipos de nanoestruturas, incluindo aglomerados, pontos quânticos, nanocristais, nanofios e nanotubos, enquanto o conjunto de nanoestruturas inclui matrizes, conjuntos e super-redes resultantes de nanoestruturas individuais. As propriedades dos materiais com dimensões nanométricas são significativamente diferentes das dos átomos e dos materiais a granel, porque a dimensão nanométrica dos materiais provoca uma grande fração de átomos de superfície, uma elevada energia de superfície, uma estrutura espacial diferente e a redução dos defeitos dos materiais. Alguns exemplos dos nanocompósitos mais abundantes incluem os nanocristais, que consistem num ponto quântico rodeado por materiais semicondutores, prata à nanoescala, dendrímeros (moléculas com ramificações repetidas) e fulerenos, que são moléculas de carbono sob a forma de esferas ocas, elipsóides ou tubos.

A pequena dimensão dos nanomateriais em relação à superfície confere-lhes um grande volume e faz com que uma grande fração de átomos seja colocada na superfície ou no espaço intersticial, o que afecta todo o material. Por exemplo, as nanopartículas metálicas podem ser utilizadas como catalisadores activos e sensores químicos feitos de nanopartículas e nanofios, que têm maior sensibilidade e seletividade.

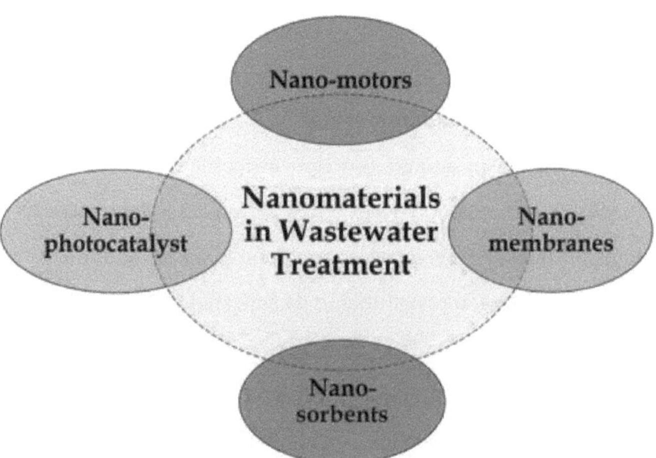

Figura 2. Diferentes nanomateriais utilizados no tratamento de águas residuais

História dos nanomateriais

Embora a nanotecnologia seja um desenvolvimento relativamente recente na investigação científica, o desenvolvimento dos seus conceitos fundamentais ocorreu durante um período de tempo mais longo. A emergência da nanotecnologia na década de 1980 foi despoletada por avanços experimentais, como a invenção do microscópio de tunelamento em 1981 e a descoberta dos fulerenos em 1985.

Naturalmente, a primeira prova da utilização da nanotecnologia pode ser atribuída aos nanotubos de carbono e aos nanofios de cimento produzidos na microestrutura do aço wootz na Índia antiga, que remonta a 600 a.C. Embora as nanopartículas sejam relevantes para a ciência moderna, foram utilizadas por artesãos já no século IX na Mesopotâmia para criar um efeito brilhante na superfície dos vasos.

No início da década de 2000, este domínio foi trazido à atenção e à consciência pública pelos defensores da nanotecnologia, com debates proeminentes sobre as possíveis consequências da utilização de nanomateriais, bem como sobre a viabilidade da aplicabilidade destes compostos. Naturalmente, todos os governos fizeram grandes esforços para promover e investir na investigação em nanotecnologia.

Devido à capacidade de produzir materiais de uma forma específica para desempenhar um papel específico, a utilização de nanomateriais expandiu-se em várias indústrias, desde os cuidados de saúde e cosméticos até à proteção ambiental e à purificação do ar. Por exemplo, no domínio da saúde e do tratamento, os nanomateriais são utilizados de várias formas, sendo uma das principais aplicações a administração de medicamentos.

Um exemplo deste processo é a produção de nanopartículas para ajudar a transportar os medicamentos de quimioterapia diretamente para as células cancerígenas, bem como para administrar medicamentos em áreas de vasos sanguíneos danificados para combater doenças cardiovasculares. Os nanotubos de carbono também estão a ser produzidos para utilização em processos como a adição de anticorpos aos nanotubos para criar sensores bacterianos. No espaço, os nanotubos de carbono podem ser utilizados na formação de asas de avião. A utilização de nanomateriais numa vasta gama de indústrias e produtos de consumo tornou-se popular nas indústrias cosmética e da saúde devido à fraca estabilidade que proporcionam contra a proteção UV a longo prazo, a partir de nanopartículas inorgânicas como o óxido de titânio nos protectores solares.

Na indústria do desporto, as luvas de basebol são fabricadas com nanotubos de carbono, o que as torna mais leves e com melhor desempenho. Outras utilizações de nanomateriais nesta indústria podem ser identificadas através da utilização de nanotecnologia antimicrobiana em artigos como toalhas e tapetes utilizados por atletas, a fim de prevenir doenças causadas por bactérias. Os nanomateriais também têm sido produzidos para uso militar.

Por exemplo, a utilização de nanopartículas é um pigmento móvel que é utilizado para produzir uma melhor forma de camuflagem através da injeção de partículas nos materiais do vestuário dos soldados. Além disso, os militares desenvolveram sistemas de sensores que utilizam nanomateriais, como o dióxido de titânio, capazes de detetar agentes biológicos. A utilização do dióxido de nano-titânio foi também alargada a revestimentos para criar superfícies auto-limpantes, como os assentos de plástico dos parques de estacionamento.

Nano filtros

A história da nanofiltração remonta aos anos 70, quando foram desenvolvidas membranas de osmose inversa com pressões relativamente baixas e um caudal aceitável de água tratada. A utilização de pressões muito elevadas no processo de osmose inversa, embora levasse à preparação de água de muito alta qualidade, mas na mesma proporção, o elevado custo do consumo de energia era um fator preocupante.

Como resultado, o abastecimento de água por este método não era economicamente viável. Portanto, a utilização de membranas com menor percentual de remoção de compostos solúveis, mas com maior poder de penetração de água e, por sua natureza, um aumento no volume de água purificada com uma qualidade desejável (dentro dos padrões desejados) foi considerada uma melhoria significativa na tecnologia de separação.

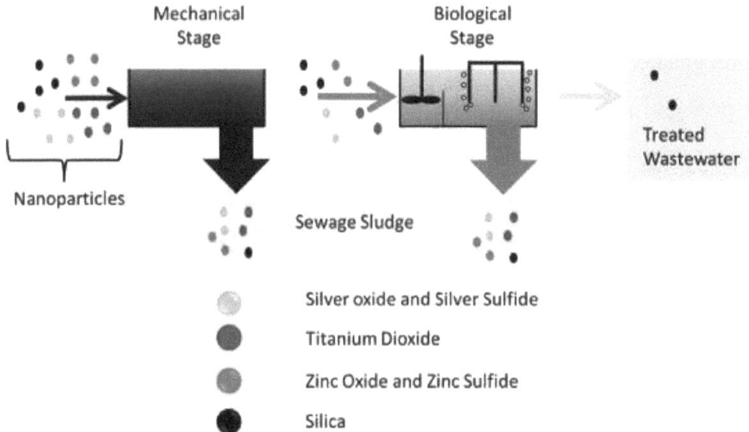

Figura 3. Nanomateriais na estação de tratamento de águas residuais

Por conseguinte, as membranas de osmose inversa com baixa pressão ficaram conhecidas como membranas de nanofiltração. A nanofiltração é um novo processo de membrana cujas propriedades se situam entre os processos de osmose inversa e de ultrafiltração e que pode ser utilizado com baixa diferença de pressão (10-20 bar).

Devido ao facto de funcionar a baixa pressão e a uma recuperação mais elevada, os custos de funcionamento e manutenção deste processo não requerem produtos químicos e o efluente produzido é compacto e concentrado. Por conseguinte, o custo de transporte e eliminação é menor. As membranas são limpas automaticamente com a ajuda de equipamento especial. No caso do processo de nanofiltração, o custo energético é muito inferior ao da osmose inversa. O que é importante nos nanofiltros em comparação com outras membranas é o poder de seletividade na remoção de iões.

As membranas de nanofiltração são normalmente constituídas por duas camadas. A camada fina e densa actua como um separador e a camada protetora desempenha o papel de proteção contra a pressão do sistema. As membranas de nanofiltração estão normalmente disponíveis em dois tipos, impregnadas e não impregnadas.

O principal mecanismo para a remoção de moléculas não carregadas, especialmente compostos orgânicos, baseia-se na despistagem. Já a remoção de compostos iónicos deve-se às interações electrostáticas entre a superfície da membrana e as espécies carregadas. Atualmente, as nano-membranas comerciais são utilizadas em diferentes formas. Estas formas incluem sistemas em espiral, em placa, em caixa, em tubo e em fibra.

A forma de cada nano membrana é selecionada com base no tipo de membrana e a nano membrana é selecionada com base no tipo de membrana, a fim de aumentar a sua eficiência e desempenho. Os nanofiltros têm sido utilizados para remover uma vasta gama de compostos, incluindo:

✓ Remoção de pesticidas, incluindo atrazina, simazina, diuren e iso pertoren;

✓ Remoção de compostos orgânicos voláteis, tais como derivados clorados orgânicos leves, como o clorofórmio, o tricloroetileno e o tetracloroetileno;

✓ Eliminação dos subprodutos resultantes da reação dos desinfectantes com os compostos orgânicos da água, incluindo os halotanos;

✓ Remoção de catiões e dureza;

✓ Remoção de crómio (VI), urânio e arsénio;

✓ Remoção de aniões;

✓ Remoção de agentes patogénicos.

Nanomateriais

Os nanomateriais têm superfícies muito mais amplas do que os materiais a granel. Além disso, estas substâncias são capazes de interagir com diferentes grupos químicos, de modo a aumentar a sua afinidade com compostos especiais. Além disso, os nanomateriais podem ser considerados como ligandos recicláveis com uma capacidade muito elevada e um desempenho seletivo para iões metálicos tóxicos para núcleos reactivos, solventes orgânicos e inorgânicos.

Os adsorventes foram amplamente utilizados como separadores ambientais na purificação da água e para remover poluentes orgânicos da água poluída.

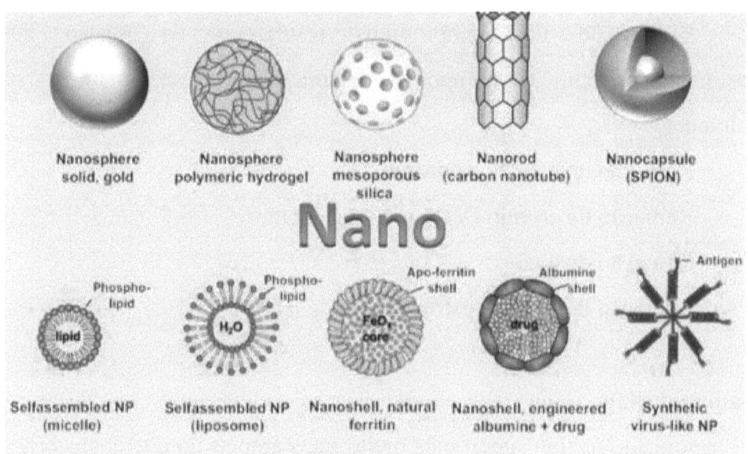

Figura 4. Nanomateriais

Foi feita uma investigação extensiva neste domínio, incluindo a utilização de nanotubos de carbono de parede simples para remover iões pesados como 2Pb, 2Cu, 2Cd, quitosano com grupos funcionais de fosfato para remover 2Pb, combinação de nanotubos de carbono e óxido de sódio para remover As. (V), nanocristais de FeO (OH) - para adsorção de As (V) e Cr (VI), zeólitos de permuta iónica NaP1 para remoção de metais pesados de águas residuais minerais ácidas, tais como 3Cr, 2Ni, 2Zn, 2Cu, 2Cd, nanomateriais de carbono para absorção de substâncias orgânicas voláteis, corantes orgânicos e compostos orgânicos e compostos orgânicos de cloro, fulereno para absorção de compostos aromáticos policíclicos como o naftaleno.

Nano partículas

✓ Remoção de arsénio com nanopartículas de cério;

✓ Remoção de arsénio com nanopartículas de óxido de ferro;

✓ Remoção de crómio com nanopartículas de ferro;

✓ Remoção de cobre, cobalto e níquel com nanopartículas de ferro;

✓ Remoção de compostos orgânicos com nanopartículas de ferro;

✓ Remoção de poluentes com nanopartículas de ferro no local;

✓ Redução de nitratos com nanopartículas bimetálicas de paládio-cobre;

✓ Desinfeção da água com nanopartículas de prata.

Nanossensores no tratamento da água e das águas residuais

Uma vez que muitas das propriedades que se espera sejam medidas por sensores se situam ao nível molecular ou atómico, a nanotecnologia é amplamente utilizada em aplicações de deteção. Os sensores fabricados em dimensões nanométricas são extremamente sensíveis, têm um desempenho seletivo e são reactivos.

Por conseguinte, o impacto da nanotecnologia nos sensores é extremamente profundo e vasto. Em geral, para controlar odores desagradáveis, é necessário efetuar medições com base na quantidade de odor emitida. Muitos compostos foram identificados em odores provenientes do tratamento de águas residuais.

Por exemplo, estes compostos incluem: Compostos reduzidos de enxofre ou azoto, ácidos orgânicos, aldeídos ou cetonas. Nos últimos anos, foi desenvolvida uma série de sensores comerciais denominados narizes electrónicos para identificar microrganismos e metais pesados na água potável (como o cádmio, o chumbo e o zinco) e para identificar e caraterizar odores resultantes de misturas de vapor recolhidas sobre um sólido ou líquido num recipiente fechado. Estes sensores proporcionam uma forma mais rápida e relativamente simples de registar alterações na qualidade da água e das águas residuais industriais.

Vantagens dos nano materiais

As propriedades dos nanomateriais, especialmente o seu tamanho, oferecem várias vantagens em comparação com outros materiais. Além disso, a sua flexibilidade em termos da capacidade de os adaptar a necessidades específicas realça a sua utilidade. Uma vantagem adicional é a sua elevada porosidade, o que, mais uma vez, aumenta a procura de utilização em muitas indústrias. No sector da energia, a utilização de nanomateriais é benéfica porque pode tornar os métodos existentes de produção de energia - como os painéis solares - mais eficientes e acessíveis, e também cria novas formas de utilizar e armazenar energia. Além disso, os nanomateriais deverão ser utilizados na indústria da eletrónica e da informática. A sua utilização aumenta a precisão na construção de circuitos electrónicos a nível atómico e contribui para o desenvolvimento de muitos produtos electrónicos.

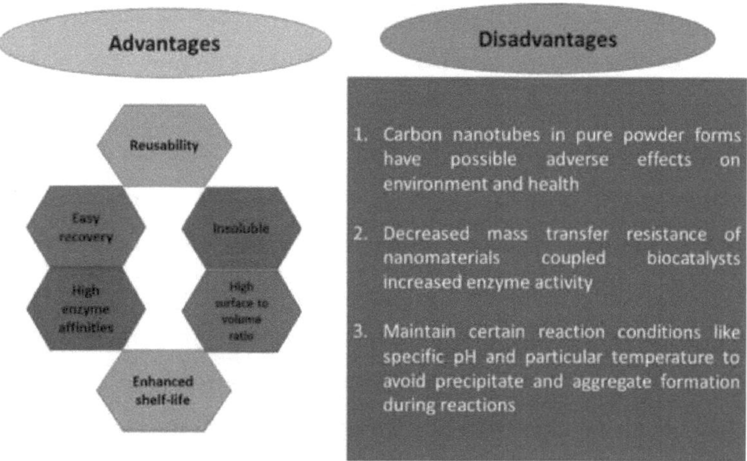

Figura 5. Vantagens e desvantagens dos nanomateriais como plataforma de imobilização

Desvantagens dos nano materiais

Para além das suas vantagens, há uma série de desvantagens associadas à utilização de nanomateriais. Devido à relativa novidade e à utilização generalizada dos nanomateriais, não se sabe muito sobre os aspectos de saúde e segurança da exposição a estes materiais. Atualmente, uma das principais desvantagens associadas aos nanomateriais é a sua exposição por inalação.

Esta preocupação tem origem em estudos com animais, cujos resultados mostram que os nanomateriais, como os nanotubos de carbono e as nanofibras, podem causar efeitos pulmonares nocivos, como a fibrose pulmonar. Outros riscos potenciais são a exposição à ingestão e o risco de explosões de poeiras. Além disso, existe ainda uma lacuna de conhecimento relativamente aos nanomateriais, o que significa que o processo de fabrico é frequentemente complexo e difícil. O processo de produção global é também muito dispendioso.

Uma avaliação dos riscos de eventuais efeitos ambientais indica que os nanomateriais utilizados em cosméticos, como os protectores solares aplicados na pele, representam riscos para os ecossistemas aquáticos. Com efeito, após a lavagem, os nanomateriais que foram objeto de engenharia podem produzir partículas maiores antes de se acumularem em lagos e rios. Os mesmos problemas são susceptíveis de ocorrer nos ecossistemas marinhos.

A acumulação de nanomateriais noutros aspectos do ambiente, como o solo - através das lamas de depuração - é outra preocupação. Embora se preveja que as concentrações destes nanomateriais artificiais sejam muito baixas, as libertações repetidas podem aumentar as concentrações ao longo do tempo e exacerbar os efeitos adversos associados.

Possíveis efeitos secundários da utilização de nanomateriais

Atualmente, embora os nanomateriais artificiais ofereçam grandes benefícios, sabemos pouco sobre os seus potenciais efeitos na saúde humana e no ambiente. Mesmo materiais bem conhecidos, como a prata, podem apresentar riscos quando projectados à nanoescala. As partículas de dimensão nanométrica podem entrar no corpo humano por inalação, ingestão e através da pele. A investigação demonstrou que os nanomateriais feitos de fibras de carbono podem causar inflamação pulmonar de forma semelhante ao amianto.

Quais são os potenciais efeitos ambientais dos nanomateriais?

O aumento da produção e da utilização de nanomateriais conduz a um aumento da exposição ao ambiente. A estimativa da exposição a estes materiais é difícil devido à falta de conhecimentos sobre a taxa de libertação ou a concentração de nanomateriais no ambiente. Além disso, não existe uma teoria para estimar as concentrações ambientais a partir das taxas de emissão.

A teoria existente sobre o comportamento de substâncias químicas e partículas no ambiente não é necessariamente aplicável aos nanomateriais. O pensamento atual sobre o que acontece aos nanomateriais no ambiente baseia-se em considerações gerais e não em medições e avaliações diretas.

Aplicações dos nanomateriais em várias indústrias

Os nanomateriais fazem parte de um grupo de materiais que encontraram várias aplicações no mundo moderno atual. No entanto, o crescimento dos nanomateriais é muito elevado e ainda há muito espaço para melhorias neste domínio. Na quase totalidade dos casos, a utilização de nanomateriais melhora as propriedades e cria novas caraterísticas no produto final. Por conseguinte, as aplicações dos nanomateriais em vários sectores são muito vastas.

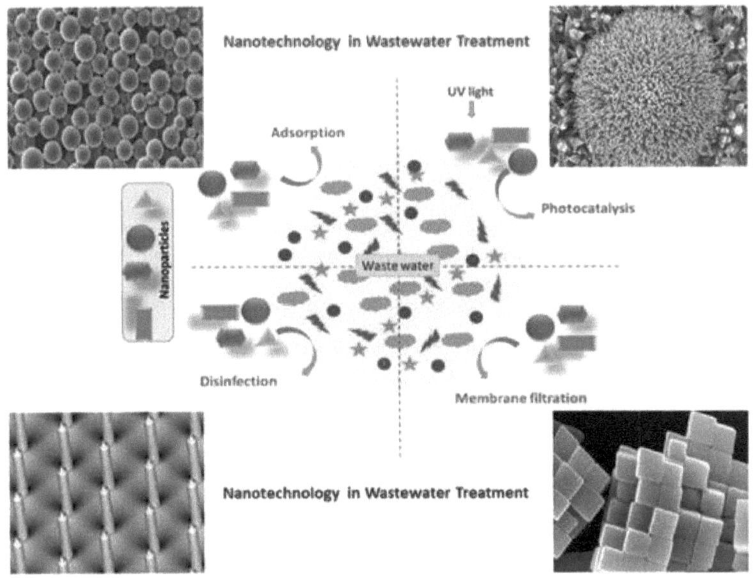

Figura 6. Foco na nanotecnologia no tratamento de águas residuais

Aplicações dos nanomateriais nas indústrias da cosmética e da saúde

Uma das aplicações dos nanomateriais, que todas as pessoas conhecem, é a utilização em protectores solares. O problema dos antigos cremes solares e dos cremes que não utilizavam nanomateriais era o facto de terem um prazo de validade muito baixo. No entanto, um protetor solar à base de óxido de nano-titânio oferece vários benefícios aos seus consumidores.

As nanopartículas de zinco e titânio, como objectos sólidos, apresentam resistência aos raios ultravioleta (UV), e a sua utilização em cremes de proteção solar aumenta a durabilidade e o brilho da pele. A caraterística brilhante destes compostos fez com que as aplicações dos nanomateriais se alargassem também a outros artigos cosméticos.

Aplicação de nanomateriais na fabricação de vidros

Os primeiros óculos que utilizavam propriedades antirreflexo contra o sol eram óculos feitos de nano materiais. De facto, uma das aplicações dos nanomateriais é a sua utilização como revestimento na superfície dos óculos.

Entre as outras aplicações importantes dos nanomateriais no fabrico de vidros, podemos mencionar as suas propriedades anti-riscos, de auto-limpeza, de resistência à absorção de humidade e de brilho. Uma das aplicações dos nanomateriais é o aumento da resistência aos riscos nas lentes dos óculos.

Análise dos tipos de nanomateriais

A utilização da nanotecnologia está a aumentar todos os dias, com amplas aplicações no domínio da eletrónica, dos têxteis, dos cosméticos, da proteção do ambiente, das tecnologias da informação, dos cuidados de saúde, etc. Existem três tipos diferentes de nanomateriais:

- ❖ O tipo de produto que é intencionalmente fabricado por seres humanos e tem caraterísticas especiais necessárias para desempenhar uma função específica;
- ❖ Tipo aleatório que é produzido por acaso como subproduto de um processo mecânico;
- ❖ Tipos naturais que são quase ainda naturais e que se encontram na natureza.

Os nanomateriais têm muitas aplicações, nomeadamente: O Comissário salientou a utilização da nanotecnologia na indústria da construção, a utilização da nanotecnologia na indústria têxtil, a nanotecnologia na indústria automóvel, a utilização da nanotecnologia na indústria do vidro, a utilização da nanotecnologia na indústria das tintas e a utilização da nanotecnologia na indústria do chocolate. Existem diferentes tipos de nanomateriais baseados em dimensões fora da gama de menos de 100 nm, incluindo:

✓ **Nanomateriais descendentes:** Estes tipos situam-se na gama de dimensões nanométricas de 100 nm. Nenhum destes tipos tem dimensões superiores a 100 nm. A maioria das nanopartículas situa-se nesta gama;

✓ **Nanomateriais unidimensionais:** Trata-se de um tipo cuja única dimensão está fora da nanoescala. Por exemplo, nanopartículas, nanotubos e nanofios;

✓ **Nanomateriais bidimensionais:** É um tipo de nanomateriais cujas duas dimensões estão fora da escala dos nanomateriais e apresentam formas plásticas. Por exemplo, nano películas, nano quid's, nanotubos;

✓ **Nanomateriais tridimensionais:** É um tipo que não tem dimensões nos nanomateriais e inclui pós sólidos, feixes de nanofios, vários nanotubos, dispersões de nanopartículas e nanotubos.

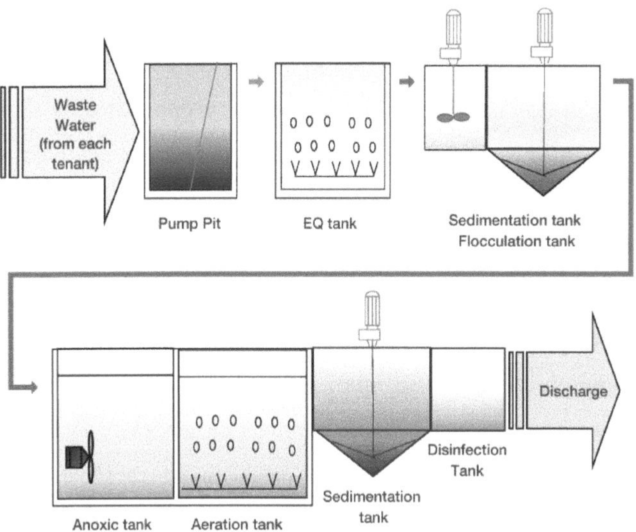

Figura 7. Parque Industrial / Tratamento Centralizado de Águas Residuais Industriais

Os nanomateriais mais naturais, por serem quimicamente heterogéneos e estruturalmente diferentes, são também conhecidos como partículas radioactivas. No entanto, os nanomateriais artificiais são concebidos para terem propriedades químicas e físicas específicas que podem ser utilizadas para uma função ou um objetivo específico.

A estrutura de vários nano materiais

De facto, a estrutura de todos os tipos de nanomateriais é constituída por cristais ou grãos nanométricos, cada um dos quais pode ser diferente em termos de estrutura atómica, direcções cristalográficas ou composição química. Todos os materiais, incluindo metais, semicondutores, vidros, cerâmicas e polímeros, podem existir em dimensões nanométricas. Além disso, a gama de nanotecnologias pode apresentar-se sob a forma de partículas amorfas, cristalinas, orgânicas, inorgânicas ou individuais, complexas, em pó, coloidais, suspensões ou emulsões.

✓ **Os nanomateriais devem ser divididos em duas categorias:** Uma categoria é a dos nano-objectos e a outra é a dos materiais de nano-estrutura. A primeira categoria refere-se a materiais em que pelo menos uma das dimensões desse material se encontra à escala nanométrica, o que inclui um nano-objeto tridimensional, cujas três dimensões são à escala nanométrica, sendo os mais importantes as nanopartículas, os pontos quânticos e os nanopós;

✓ **Nano-objeto bidimensional:** Que tem duas dimensões à escala nanométrica, como os nanotubos de carbono, os nanofios e as nanofibras;

✓ **Nano-objeto unidimensional:** Apenas uma dimensão está à escala nanométrica, e as outras duas dimensões desse material podem ser maiores do que as dimensões nanométricas. Tal como as monocamadas auto-montadas, a utilização de nanomateriais, reduzindo o tamanho das partículas a nanómetros, provoca alterações nas suas propriedades físicas e químicas;

✓ **Os mais importantes são:** Aumento da razão entre a superfície e o volume (área superficial) e a entrada do tamanho da partícula no domínio dos efeitos quânticos.

✓ **Algumas das mais utilizadas:** Nanopartículas As nanopartículas são, na realidade, partículas com um diâmetro entre 1 e 100 nanómetros, sendo as mais importantes as nanopartículas de semicondutores, as nanopartículas cerâmicas, as nanopartículas metálicas, etc. Estas partículas apresentam-se sob a forma de agulha esférica, de folha, de ramo, de barra e de placa. As nanofibras são nanofibras que têm um diâmetro à escala nano. Atualmente, estas fibras são utilizadas na indústria têxtil para a produção de vestuário de proteção, devido à sua elevada relação superfície/volume e à sua elevada resistência. As mais importantes são as nanofibras de carbono, as nanofibras de polímeros e as nanofibras minerais;

✓ **Nanocápsulas:** As nanocápsulas são nanopartículas que possuem um invólucro e um espaço vazio para colocar o material desejado no seu interior. As nanocápsulas de polímeros e as nanoemulsões estão entre as que são utilizadas na indústria farmacêutica para a administração de medicamentos específicos;

✓ **Nanotubos:** Os nanotubos são materiais cujo diâmetro é de até 100 nanómetros. Os nanotubos são maioritariamente utilizados para os nanotubos de carbono;

✓ **Nanofios:** Os nanofios são estruturas bidimensionais e, devido ao facto de os efeitos quânticos serem importantes nestas dimensões, são também designados por fios quânticos e os seus tipos incluem: Nanofios metálicos, nanofios orgânicos, nanofios de polímeros e semicondutores;

✓ **Nano-revestimentos:** Os nano-revestimentos são camadas que são colocadas noutro material e têm uma espessura inferior à do segundo material. Os revestimentos têm várias aplicações em diversas indústrias, desde a indústria automóvel à indústria dos electrodomésticos. A razão para utilizar este revestimento é proteger ou decorar produtos como óculos, metais, plásticos, óculos de sol, equipamento desportivo, mobiliário, equipamento de cozinha, equipamento médico, eletrónica e automóveis. Os tipos de nano-revestimentos são, na realidade, camadas nanométricas e revestimentos nanoestruturados. A nanotecnologia impede que os revestimentos sejam riscados, fragmentados e corroídos.

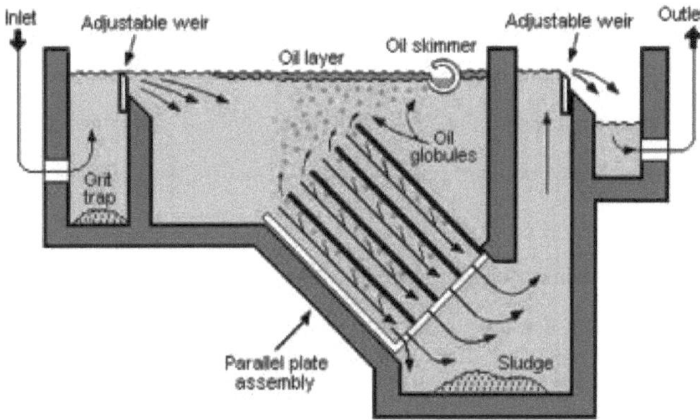

Figura 8. Tratamento de águas residuais industriais

Aplicações dos nanomateriais em várias indústrias

As propriedades dos nanomateriais, especialmente o seu tamanho, oferecem várias vantagens em comparação com outros materiais, e a sua flexibilidade em termos da capacidade de os adaptar a necessidades específicas realça a sua utilidade. Uma vantagem adicional é a sua elevada porosidade, que mais uma vez aumenta a procura de utilização em muitas indústrias.

No sector da energia, a utilização de nanomateriais é benéfica na medida em que pode tornar os métodos existentes de produção de energia - como os painéis solares - mais eficientes e rentáveis, bem como criar novas formas de utilizar e armazenar energia. Além disso, os nanomateriais deverão ser utilizados na indústria da eletrónica e da informática. A sua utilização aumenta a precisão dos circuitos electrónicos a nível atómico e contribui para o desenvolvimento de muitos produtos electrónicos. Alguns tipos de nanomateriais em diferentes sectores:

- ✓ A nanonavegação no sector da construção;
- ✓ Nano tecnologia na indústria das tintas;
- ✓ Nano tecnologia na indústria do betão;
- ✓ A nanotecnologia na indústria mecânica;
- ✓ Nano tecnologia na indústria das tintas;
- ✓ A nanotecnologia na indústria automóvel;
- ✓ Nano tecnologia na indústria vidreira;
- ✓ Nano tecnologia na indústria da madeira;
- ✓ A nanotecnologia na indústria têxtil;
- ✓ A nanotecnologia na indústria tecnológica;
- ✓ A nanotecnologia na indústria médica.

Com o aparecimento de vários tipos de nanomateriais em vários sectores, provocou uma transformação surpreendente nas indústrias. Com o crescimento dos nanomateriais em vários domínios, provocou um aumento da qualidade, da resistência e uma estranha mudança e transformação nas indústrias. Além disso, os nanomateriais na indústria trouxeram uma vida mais moderna aos seres humanos. A estrutura dos nanomateriais é diferente uma da outra e a alteração desta escala nanométrica provoca a alteração da estrutura dos nanomateriais.

Uma melhor compreensão da estrutura dos diferentes tipos de
nanomateriais ajudá-lo-á a tomar decisões para escolher facilmente o tipo
de nanomateriais que pretende utilizar na indústria em causa.

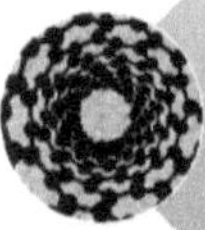

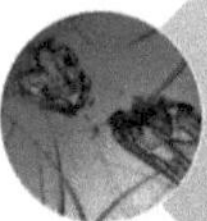

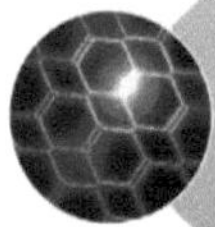

Figura 9. A nanotecnologia do laboratório à indústria

Vantagens dos vários tipos de nanomateriais no sector da construção
Uma das aplicações importantes da nano; A aplicação da nanotecnologia
é no sector da construção. É utilizada em quase todas as partes do edifício,
incluindo o esqueleto, a fachada, os sistemas de construção e o design de
interiores.

A utilização da nanotecnologia no sector da construção levou à produção
de materiais de construção polivalentes com elevada eficiência e, ao
mesmo tempo que criou valor acrescentado, aumentou a durabilidade e a
qualidade dos materiais de construção. Tendo em conta a novidade desta

tecnologia, todos os anos são introduzidas novas aplicações em diferentes sectores. No que diz respeito às aplicações da nanotecnologia no sector da construção, podem ser brevemente mencionadas as seguintes:

- ❖ Melhorar as propriedades do cimento e do betão;
- ❖ Melhoria das propriedades mecânicas;
- ❖ Aumentar a qualidade do cimento e do betão;
- ❖ Impedir a penetração de factores destrutivos externos no betão;
- ❖ Criar uma cobertura protetora, isolar e impedir a penetração de água em todos os materiais de construção;
- ❖ Melhorar a qualidade e a impermeabilização de vários tipos de tintas para fachadas.

Como substâncias oleosas nanométricas

Entre as aplicações importantes do óleo de nano construção está a impermeabilização e a impermeabilização da fachada e de outras superfícies, protegendo a fachada do edifício sem alterar a sua cor. Também é utilizado para selar todos os tipos de pedra, betão, cimento, tijolo, pedra de moldura, argila, materiais pintados, telhas e revestimentos de pavimentos ou paredes.

Vantagens dos vários tipos de nanomateriais na indústria das tintas inteligentes

A utilização de nano na indústria das tintas criou caraterísticas muito interessantes nas tintas nano inteligentes, algumas das quais mencionamos de seguida:

✓ Boa resistência aos poluentes atmosféricos;

✓ Resistência ao crescimento de todos os tipos de bactérias, fungos, musgo e bolor;

✓ Ter um preço razoável em comparação com as propriedades únicas;

✓ Fácil de utilizar esta cor com uma variedade de ferramentas e métodos;

✓ Devido às suas propriedades anti-ferrugem, também são adequados para pintar superfícies metálicas;

✓ Pode ser utilizado em espaços interiores e exteriores e nas fachadas do edifício.

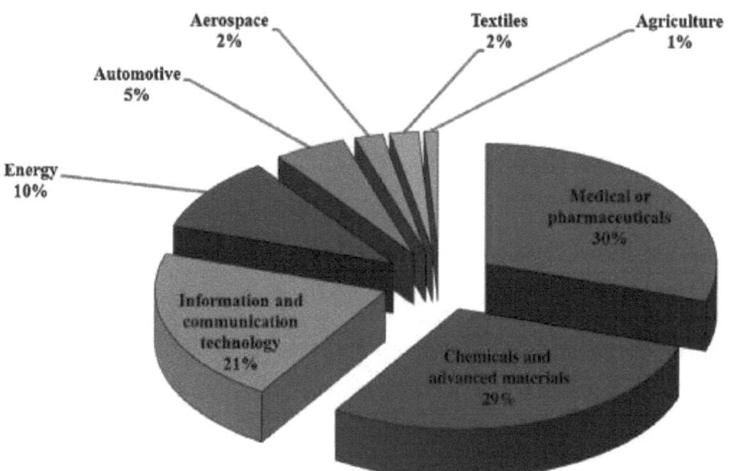

Figura 10. Distribuição mundial de várias nanotecnologias

Até mesmo a utilização e os benefícios do nano em tecidos e fibras para anti-sujidade

Para proteger e cobrir diferentes superfícies de tecidos e têxteis, os clientes utilizam um dos tipos de nano materiais para o seu trabalho, de acordo com as suas necessidades. A utilização deste produto, como já foi dito, na indústria de tecidos, vestuário, tecidos para sofás e cortinas pode aumentar a qualidade dos seus produtos.

Como mencionado, o preço do tecido nano é ligeiramente superior ao dos tecidos normais, mas devido à eficiência deste produto, é prático para todas as pessoas com bom gosto. O vestuário nano, também designado por vestuário anti-sujidade, é um vestuário cujo tecido é fabricado com tecnologia nano.

Utilização de nanofibras de celulose no tratamento de águas residuais industriais

Os metais pesados constituem outro grupo de poluentes que representam uma séria ameaça para os seres humanos e o ambiente devido à sua natureza tóxica e a outros efeitos adversos. Muitos destes tipos de metais pesados encontram-se em efluentes industriais provenientes da metalização, actividades mineiras, produção de tintas, indústrias de fertilizantes, etc.

Estes iões não são biodegradáveis e tendem a acumular-se na cadeia alimentar humana. Por conseguinte, é muito importante desenvolver adsorventes para a sua remoção. Estudos recentes sobre a remoção de poluentes tóxicos de águas residuais mostraram que os adsorventes à base de celulose podem remover esses iões. Os nanomateriais de celulose têm naturalmente propriedades estruturais, mecânicas e ópticas únicas.

As potencialidades especiais dos nanomateriais celulósicos, como a elevada relação superfície/volume, o baixo impacto ambiental, a elevada resistência, funcionalidade e estabilidade, podem ser utilizadas em tecnologias de tratamento de água e de águas residuais.

Normalmente, as nanofibras de celulose isoladas e as nanofibras de celulose funcionalizadas são utilizadas para absorver vários iões de metais pesados em águas residuais industriais poluídas. Os iões de prata tóxicos formam complexos de nanofibras de celulose-prata com nanofibras de celulose, e estes iões são removidos das águas residuais industriais com a formação de sedimentos. Além disso, a membrana de nanofibra de celulose funcionalizada modificada pode absorver eficazmente iões de metais pesados. O grupo funcional desejado é colocado na superfície das nanofibras de celulose. Este método é utilizado para remover outros iões metálicos tóxicos, tais como cobre (II), cádmio (II), mercúrio (II), chumbo (II).

Aplicação de nano adsorventes em sistemas de água e de águas residuais

Como catalisador médico e farmacêutico, a medição de gases, a biologia ambiental e a indústria de tratamento de água e de águas residuais registaram progressos significativos. A utilização de nanopartículas tem muitas vantagens nos sistemas de tratamento de águas e águas residuais industriais devido à sua elevada superfície específica e elevada absorção e seletividade, e estes nanomateriais podem remover eficazmente poluentes orgânicos, inorgânicos aniões, bactérias e metais. São utilizados pesados de soluções aquosas e resíduos.

A eficiência da purificação da água com nanopartículas depende diretamente da eficiência das nanopartículas, pelo que, utilizando nanopartículas adequadas, pode ser concebido um sistema eficiente. A água desempenha um papel importante no desenvolvimento das comunidades urbanas; mas atualmente, o acesso a fontes de água de qualidade enfrenta desafios.

Por outro lado, a procura de água para fins urbanos, agrícolas e industriais está a aumentar. Por conseguinte, é importante prestar atenção às novas tecnologias de tratamento da água e das águas residuais, sendo um destes métodos a utilização de nanomateriais. A nanotecnologia proporcionou uma perspetiva clara para o desenvolvimento de sistemas de abastecimento de água de nova geração com elevado desempenho, adequados para a água e para a redução dos poluentes das águas residuais.

Limitações dos métodos convencionais de purificação da água

Alguns dos métodos de tratamento de água mais comuns são a depuração, a filtração, a sedimentação, a separação por gravidade, a osmose inversa, a troca iónica, a neutralização, a remineralização, a micro e ultrafiltração e vários outros. Embora estes métodos sejam benéficos, são frequentemente métodos dispendiosos que requerem grandes quantidades de energia e água.

As vantagens da nanotecnologia para a purificação da água

Os processos de purificação da água baseados na nanotecnologia são muito mais eficientes em comparação com os métodos tradicionais, porque estas soluções podem ser fabricadas com caraterísticas que podem aumentar a absorção de substâncias da água. Por exemplo, propriedades como a reatividade e o volume dos poros, bem como as interações hidrofílicas e hidrofóbicas, podem ser manipuladas em soluções de tratamento de água à escala nanométrica para aumentar a sua eficiência. O quadro dois apresenta uma panorâmica dos tipos de nanomateriais que têm sido utilizados com êxito em sistemas de tratamento de água.

Tabela I. Nanomateriais utilizados na purificação da água e suas aplicações

Nano materiais	Aspectos negativos	Aspectos negativos	Poluentes a remover
Nano absorventes	Custo de produção elevado	Custo de produção elevado	Metais pesados
Nano metais e nanopartículas de óxidos metálicos	Resistente à abrasão	Em comparação com outros	Metais pesados

(como nanopartículas de prata, nanopartículas de dióxido de titânio (TiO_2), nanopartículas magnéticas, etc.)	Propriedade paramagnétic a (facilita a separação) Propriedade fotocatalítica (foto-catalisador) Baixo custo	nanomateriais, não são reutilizáveis.	Radionuclídeo s Filtros de media Pós Pequenas partículas de plástico
Membranas e processos de membranas (por exemplo, nanofiltração, membranas auto-montadas, nanocompósitos e membranas e nanofibras baseadas na aquaporina).	Funcionam como uma barreira física para os materiais. Fiável Automático	Precisam de muita energia.	Podem ser integrados em qualquer tipo de sistema de tratamento de água e/ou de águas residuais.

Seguem-se vários exemplos de como os investigadores tentam remover os poluentes da água com a ajuda da nanotecnologia.

Utilização de nanotubos de carbono para a purificação da água

Uma das formas mais famosas de nanotecnologia para a purificação da água é o nanotubo de carbono (CNT). Sumio Iijima, um cientista japonês, descobriu os nanotubos de carbono em 1991, enquanto examinava materiais extraídos de sólidos formados nas pontas de eléctrodos de carbono. A estrutura dos nanotubos de carbono permite que as moléculas de água passem através dos poros, enquanto os micróbios são atraídos para a superfície do carbono.

Os fabricantes podem criar folhas ou espirais de nanotubos de carbono que atraem a água para as estruturas em favo de mel para remover os poluentes. Esta estrutura impede a entrada de substâncias químicas e biológicas perigosas no fluxo de água. A condutividade dos nanotubos permite a passagem de eletricidade através da sua estrutura. A eletricidade pode destruir microorganismos nocivos na superfície dos nanotubos. Os investigadores da Universidade de Nagoya, no Japão, utilizaram nanotubos de carbono para remover metais pesados tóxicos da água.

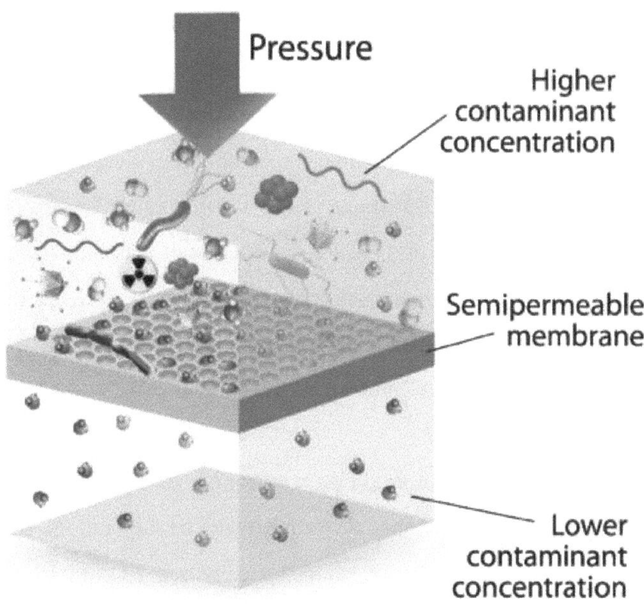

Utilização de nano-celulose na purificação da água

Outro tipo comum de nanotecnologia utilizada na filtragem é a nanocelulose. Esta substância é normalmente obtida a partir da decomposição de polímeros naturais ou como resultado da atividade de bactérias. A nanocelulose é semelhante aos nanotubos de carbono em termos de forma e função, mas tem um processo de fabrico diferente. As nanofíbrilas e os nanocristais de celulose são nanopartículas em forma de bastão que removem seletivamente os poluentes dos cursos de água. A forma das fibrilas e a estrutura da nanocelulose, que tem maior flexibilidade, fazem dela um excelente filtro que pode ser utilizado em grandes e pequenos sistemas de tratamento de água.

Utilização de nanopartículas de ouro para a purificação da água

Os cientistas descobriram que as nanopartículas de ouro são úteis na purificação da água. Estas nano hastes podem conduzir o calor de forma localizada e remover contaminantes como drogas e pesticidas de uma forma mais eficiente do que aquecer toda a água. Os investigadores aperceberam-se que se estas partículas fossem distribuídas de forma mais uniforme, poderiam ser mais eficientes. Cobriram uma parte das nano hastes com um revestimento de sílica, o que impediu a sua agregação e provocou a sua dispersão uniforme.

Utilização da nanotecnologia no tratamento de águas residuais

Os métodos convencionais de purificação da água nem sempre são eficientes na remoção de contaminantes como metais e microorganismos. Um dos problemas existentes é a formação de subprodutos da desinfeção

(DPBs), que podem prejudicar a saúde humana. Estas substâncias são formadas quando os desinfectantes químicos reagem com substâncias orgânicas e iões minerais na água.

Nalguns estudos, a remoção de metais, micróbios e óleo de águas poluídas foi estudada utilizando nanomateriais. Em vários estudos, os metais pesados, os poluentes orgânicos, os aniões inorgânicos e as bactérias foram todos removidos utilizando diferentes tipos de nanomateriais. Muitos nanomateriais, incluindo nanopartículas metálicas de valência zero, nanopartículas de óxidos metálicos, nanotubos de carbono e nanocompósitos, foram investigados no tratamento de água e de águas residuais.

Limitações e desvantagens da utilização da nanotecnologia na purificação da água

Apesar de todas as potencialidades positivas da nanotecnologia, coloca-se a questão de saber porque é que a nanotecnologia ainda não foi amplamente utilizada na purificação da água. Em meados da década de 2000, a nanotecnologia registou um aumento de interesse por todas as suas aplicações. O governo dos EUA investiu milhares de milhões de dólares naquilo que pensava ser a próxima tecnologia revolucionária.

Mas, ao longo dos anos, o orçamento para os projectos nano diminuiu, porque os resultados esperados não foram alcançados. A experiência de uma empresa de purificação de água baseada na nanotecnologia mostrou porque é que é muito difícil manter uma posição no mercado. Construíram vários dispositivos capazes de purificar a água de fontes de baixa qualidade. Estes dispositivos utilizavam nanotubos de carbono para purificar a água no mais curto espaço de tempo. A invenção destes dispositivos foi uma invenção revolucionária que tornou a água limpa acessível a quase toda a gente.

O problema não era o facto de terem um produto ineficaz, mas sim o facto de não conseguirem encontrar um mercado sustentável e de o seu produto não ser acessível. A utilização da nanotecnologia para a purificação da água é dispendiosa, especialmente para as grandes estações de tratamento de água e de águas residuais. Embora a nanotecnologia seja um método alternativo eficaz para remover uma vasta gama de poluentes das fontes de água, os nanomateriais têm certas limitações, especialmente em termos do possível impacto no ambiente.

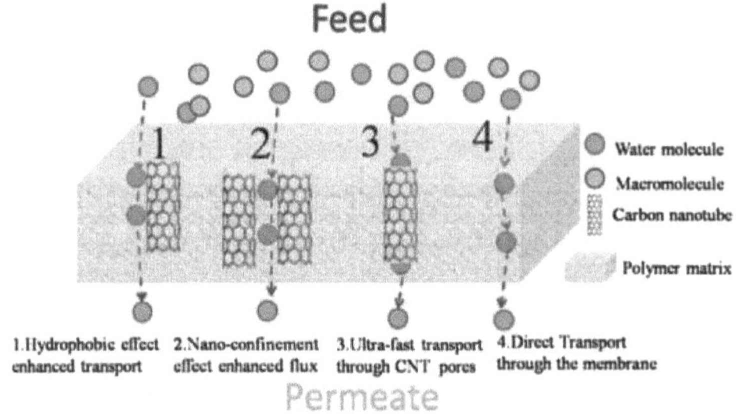

Figura 12. Membranas de nanotubos de carbono para a purificação da água: Desenvolvimentos, desafios e perspectivas

Por exemplo, as nanopartículas de dióxido de titânio e as nanopartículas de prata, que são as nanopartículas mais comummente utilizadas, podem ter efeitos nocivos nos organismos aquáticos, incluindo bactérias, algas, invertebrados, peixes e plantas. Por conseguinte, para fazer face aos possíveis efeitos adversos associados à utilização de alguns sistemas de purificação da água baseados em nanomateriais, é necessário envidar esforços a nível nacional e internacional para criar sistemas altamente eficientes de monitorização dos níveis de nanomateriais artificiais nas fontes de água.

Nano sensores de aço duplex, aço super duplex, bomba de alta pressão, bomba de alta pressão, bomba de alimentação, SMBS, anti-incrustante, arrefecimento, química da água, inovadores da água, inovadores da água, inovadores da água e indústria.

Embora existam vários sensores para detetar poluição e materiais contaminados, a nanotecnologia oferece a possibilidade de criar novas gerações de sensores de alto desempenho que detectam poluentes em pequenas quantidades e concentrações. Nano tecnologia e purificação da água, inovadores, purificação da água, água, água e indústria, optimizador, tratamento de águas residuais, pacote de tratamento, produtos químicos, membrana, preço da dessalinização, osmose inversa, RO.

A utilização da nanotecnologia no processo de purificação da água é uma solução adequada para facilitar a reciclagem de água poluída para utilização na agricultura ou mesmo para uso doméstico. As aplicações da nanotecnologia na purificação da água podem ser resumidas nos três processos seguintes: Aquisição de amaciadores de água.

No processo de peneiração, a água é purificada por meio de membranas com poros nanométricos. A tecnologia de produção de nanomembranas é uma das tecnologias mais utilizadas na indústria atual, cujo campo de aplicação se expandiu da indústria da água e dos esgotos para as indústrias alimentar e farmacêutica, bem como para as indústrias do petróleo, do gás e da energia. Neste método, dependendo do tamanho dos poros da membrana, os compostos orgânicos e inorgânicos ou materiais biológicos podem ser facilmente separados da água e, finalmente, teremos água purificada.

Processo de absorção de dessalinização, lavagem de membranas, ultrafiltração, UF, disco de filtro, dispositivo de dessalinização, dispositivo de dessalinização, reparações, peças sobressalentes, peças sobressalentes de dessalinização, os adsorventes podem ser utilizados como separadores ambientais na purificação da água e na remoção de poluentes orgânicos. Entre os nano adsorventes amplamente utilizados na purificação da água, podem ser mencionados os nano porosos mesoporosos.

Processo de decomposição de peças sobressalentes para dessalinização, bomba, aço duplex, aço super duplex, bomba de alta pressão, bomba de alta pressão, bomba de alimentação. A utilização de placas revestidas com dióxido de titânio no processo de purificação da água permite decompor os poluentes da água em compostos inofensivos através da radiação UV. Neste método, o dióxido de titânio actua como um fotocatalisador e fornece as condições necessárias para a reação de decomposição.

Entre os poluentes da água industrial que o dióxido de titânio transforma em água e dióxido de carbono estão: Alcanos, alcenos, alcinos, éteres, aldeídos, álcoois, compostos de amino, compostos de cianeto, ésteres e compostos de amida, pacote de dessalinização, reparações, dispositivo de dessalinização, UF, disco de filtro, dispositivo de dessalinização.

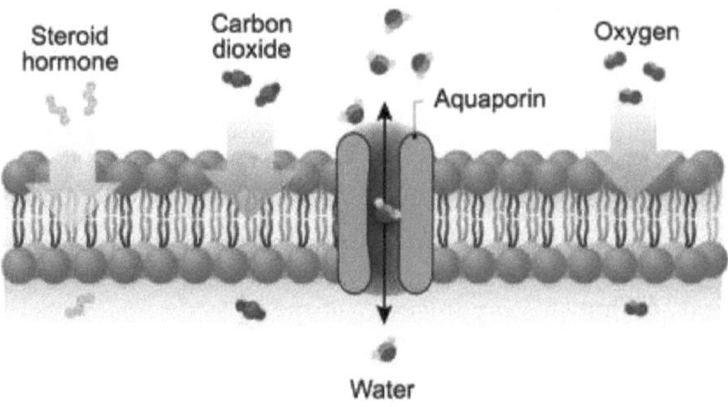

Figura 13. Nanotubos de carbono e purificação da água. Novas e excitantes oportunidades

Capítulo II

As águas residuais industriais e os seus problemas

Inovação em nanotecnologia para a purificação da água

Devido às propriedades excepcionais decorrentes da dimensão nanométrica, incluindo propriedades melhoradas de catálise e absorção, bem como elevada reatividade, os nanomateriais têm sido objeto de investigação e desenvolvimento activos em todo o mundo nos últimos anos. Numerosos estudos demonstraram que os nanomateriais podem remover vários poluentes da água, tais como agentes patogénicos, metais pesados tóxicos, pesticidas e outros produtos químicos persistentes e tóxicos, pelo que têm sido utilizados com êxito no tratamento da água e das águas residuais.

Nanotubos de carbono (CNTs) e nanocompósitos

A purificação da água com recurso à nanotecnologia utiliza materiais nanométricos, como os nanotubos de carbono e as fibras de alumina para as nanopartículas. Utiliza também poros nanométricos em membranas de filtração de zeólito, bem como nanocatalisadores e nanopartículas magnéticas. Os nanossensores, como os baseados em nanofios de óxido de titânio ou nanopartículas de paládio, são utilizados para a deteção analítica de poluentes em amostras de água. As impurezas que a nanotecnologia pode tratar dependem da fase do tratamento da água em que a técnica é utilizada. Pode ser utilizada para remover sedimentos, efluentes químicos, partículas carregadas, bactérias e outros agentes patogénicos. Explicam que os elementos auxiliares tóxicos, como o arsénico, e as impurezas de líquidos viscosos, como o petróleo, também podem ser removidos com recurso à nanotecnologia. É necessário um filtro, eles são mais eficientes e têm áreas de superfície extragrandes e são mais fáceis de limpar com retrolavagem em comparação com eles. Com os métodos convencionais", diz Tim.

Por exemplo, as membranas de nanotubos de carbono podem remover virtualmente uma variedade de contaminantes da água, incluindo turvação, óleo, bactérias, vírus e poluentes orgânicos. Embora os seus poros sejam significativamente mais pequenos do que os dos filtros convencionais, que têm taxas de fluxo iguais ou mais rápidas do que os poros maiores , tal não se deve provavelmente à suavidade dos nanotubos internos. Os filtros de nanofibras de alumina e outros materiais de nanofibras também removem contaminantes com carga negativa, como vírus, bactérias e colóides orgânicos e inorgânicos, mais rapidamente do que os filtros convencionais.

As águas residuais podem ser divididas em duas categorias. As águas residuais domésticas e as águas residuais industriais. As águas residuais domésticas, também conhecidas como águas residuais urbanas, são mais diluídas do que as águas residuais industriais e mais de 99% são água, sendo o resto constituído por sólidos em suspensão, compostos orgânicos biodegradáveis, sólidos inorgânicos, compostos de nutrientes, metais e microrganismos patogénicos. Os compostos orgânicos biodegradáveis consistem em materiais de carbono, como proteínas, hidratos de carbono e gorduras, que podem ser convertidos em dióxido de carbono. As águas residuais municipais também contêm nutrientes como o azoto e o fósforo, que têm de ser tratados para evitar a toxicidade no ambiente. As águas residuais industriais são o produto de empresas, campos agrícolas e actividades públicas (hospitais, lojas, restaurantes). A composição dos efluentes industriais depende da fonte de onde o efluente é obtido. Por exemplo, as águas residuais da indústria têxtil incluem maioritariamente corantes orgânicos, enquanto as águas residuais de restaurantes incluem principalmente gorduras. Além disso, as águas residuais geradas por várias indústrias e terrenos agrícolas contêm grandes quantidades de produtos químicos nocivos e poluentes orgânicos. Os iões de metais pesados são outra substância presente nos efluentes industriais que são considerados tóxicos para os organismos vivos.

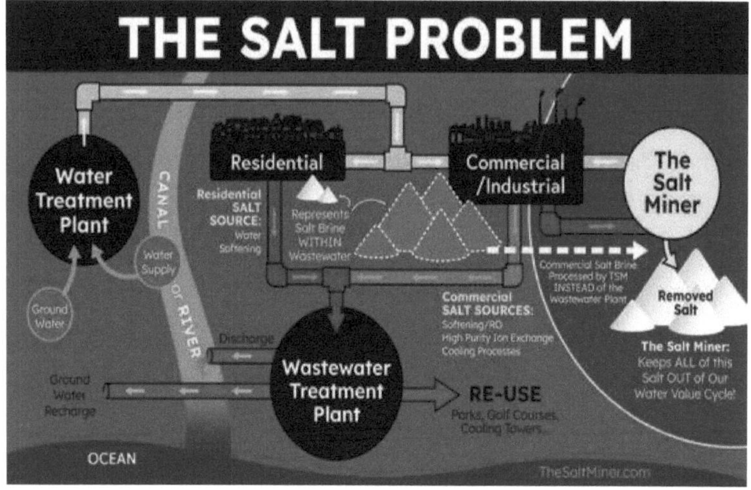

Figura 14. O problema do sal | O mineiro de sal

Tratamento de águas residuais

O tratamento de águas residuais é um processo em que os poluentes são separados da fase aquosa através de processos físicos ou químicos antes de entrarem no ambiente. Existem muitos métodos para tratar as águas residuais domésticas e industriais. O método mais comum são as estações de tratamento urbanas, que podem remover uma grande parte dos poluentes da água se forem utilizadas de forma optimizada.

Este método de depuração consiste em três fases anteriores, primária e secundária. A primeira etapa consiste na remoção de pedaços grandes ou pesados das águas residuais. Nesta fase, são efectuados os passos de peneiração e de remoção de areia. No processo de crivagem, as peças flutuantes de grandes dimensões, como pedras, papel e plástico, são separadas através de peneiras. Os materiais separados por peneiras são normalmente enterrados ou queimados. A remoção de areia é a etapa seguinte à triagem, que é feita através da sedimentação. Depois de passar pela fase anterior, o efluente restante entra na fase primária.

Esta etapa inclui a separação de uma grande parte dos sólidos em suspensão nas águas residuais através do método de sedimentação. O efluente entra nos tanques de sedimentação; Onde há tempo suficiente para os sólidos (lamas) assentarem. As águas residuais permanecem no tanque durante algumas horas até que as lamas assentem e se crie uma camada de espuma à superfície das águas residuais. Em seguida, a espuma transborda do topo e as lamas são separadas do fundo, e o efluente entra na fase secundária. Na fase inicial de depuração, até 40% das necessidades biológicas de oxigénio são reduzidas.

A CBO das águas residuais é, na realidade, a quantidade de oxigénio necessária para que os microrganismos possam oxidar as substâncias orgânicas presentes nas águas residuais. Reduzir esta quantidade significa reduzir a quantidade de oxigénio necessária para o tratamento das águas residuais e, consequentemente, alguns poluentes orgânicos são perdidos. Nesta fase, 80% a 90% dos sólidos suspensos são removidos das águas residuais. Embora o tratamento primário remova uma grande quantidade de poluentes no efluente, não oferece garantia suficiente para remover todos os poluentes nocivos.

O efluente residual da fase inicial contém uma quantidade significativa de poluentes orgânicos e alguns sólidos em suspensão. Para eliminar os restantes poluentes, o efluente entra na fase de tratamento secundário. Esta fase inclui processos biológicos que podem reduzir o nível de CBO do efluente e também remover uma pequena quantidade de metais em suspensão. Nesta fase, o efluente é sujeito a um arejamento intenso para que cresçam bactérias aeróbias e outros microorganismos que decompõem os poluentes orgânicos em água e dióxido de carbono. Para além da remoção de poluentes orgânicos, alguns nutrientes como o azoto e o fósforo são também removidos nesta fase.

Após a conclusão do processo de tratamento das águas residuais, deve notar-se que a água restante é suficientemente limpa para entrar no ambiente. Além disso, as lamas obtidas no processo de purificação contêm muitos poluentes nocivos; por conseguinte, é muito importante controlar as lamas residuais.

Normalmente, antes de eliminar as águas residuais para o ambiente, são efectuados processos de cloração ou desinfeção utilizando radiação ultravioleta. É também efectuado um processo anaeróbio nas lamas, no qual as bactérias anaeróbias crescem nas lamas. Estas bactérias anaeróbias reduzem a quantidade destes sólidos orgânicos nas lamas, decompondo-os em subprodutos solúveis em água ou gases (maioritariamente metano e dióxido de carbono). O gás metano produzido neste processo pode ser utilizado como combustível noutras partes da refinaria. Em seguida, as lamas remanescentes são utilizadas para encher o terreno.

Após estes passos comuns, algumas estações de tratamento acrescentam ao processo de desinfeção a terceira fase do tratamento das águas residuais, na qual os restantes poluentes orgânicos e inorgânicos, bem como os microrganismos que sobraram da fase secundária, são removidos por métodos físicos e químicos. Depois de passarem pela terceira fase de tratamento, as águas residuais atingirão os padrões desejados para água potável. No entanto, esta etapa é muito cara e raramente utilizada pelas indústrias.

Utilização da nanotecnologia no tratamento de águas residuais

A nanociência e a tecnologia estudam os materiais em dimensões nanométricas. Nestas dimensões, os materiais apresentam caraterísticas e propriedades interessantes. A razão para estas propriedades é a pequena dimensão das partículas.

A nanotecnologia baseia-se na manipulação, controlo e combinação de átomos e moléculas para obter materiais, compostos e estruturas de dimensões nanométricas. Nos últimos anos, o desenvolvimento de ferramentas e métodos baseados na nanotecnologia tem ajudado a resolver os problemas no domínio do tratamento de águas residuais. A razão para a importância destes métodos é a pequena dimensão das nanopartículas, a sua elevada reatividade e a capacidade de as produzir utilizando métodos amigos do ambiente. Os métodos eficientes mais importantes para o tratamento de águas residuais são os seguintes:

✓ Processos fotocatalíticos;

✓ Tecnologias baseadas em nanoabsorventes;

✓ Processos de nanofiltração.

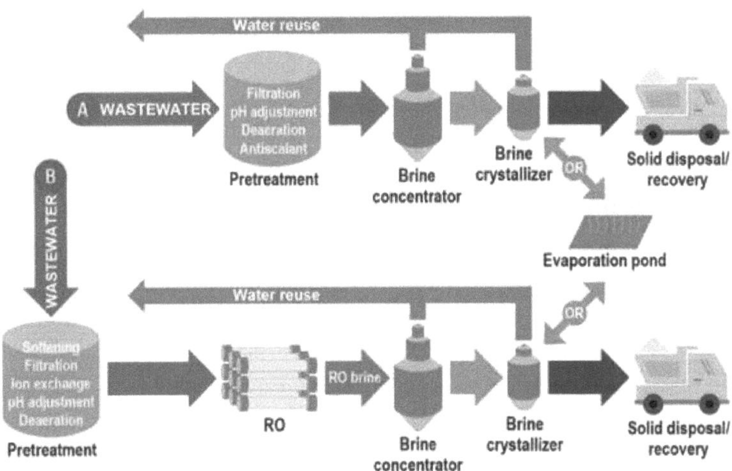

Figura 15. O Potencial de Reutilização de Águas Residuais Industriais

Processos fotocatalíticos

A utilização de fotocatalisadores é um método eficiente para o tratamento de águas residuais, no qual são utilizadas nanoestruturas catalisadoras activadas por radiação luminosa e capazes de remover vários poluentes presentes na água. A definição do processo de fotocatálise é a seguinte: Alterações na taxa de uma reação química ou o início dessa reação devido à radiação ultravioleta, visível ou infravermelha na presença de uma substância chamada "Fotocatalisador" que absorve a luz e participa nas alterações químicas criadas.

No processo foto-catalisador habitual, é utilizado um material semicondutor como catalisador, que é exposto à luz para produzir pares de electrões-furos através da absorção da energia da luz, que deve ser igual ou superior à sua energia gap. Os pares de electrões-furos resultantes são capazes de produzir radicais oxidantes ou redutores activos, como o superóxido e os iões hidroxilo na água.

Em seguida, através de uma série de reacções secundárias, estes radicais removem os poluentes orgânicos e inorgânicos presentes nas águas residuais. A remoção de poluentes na água também é possível através da transferência direta de electrões ou buracos produzidos pela luz da superfície do catalisador para as moléculas poluentes.

O processo fotocatalítico é um processo cujo mecanismo global é complexo e consiste em cinco fases principais

✓ Penetração dos reagentes na superfície do catalisador;

✓ Adsorção de reagentes à superfície do catalisador;

✓ Reação na superfície do catalisador;

✓ Dessorção dos produtos da superfície do catalisador;

✓ Penetração de produtos fora da superfície do catalisador.

O conjunto de reacções fotocatalíticas possíveis para a decomposição e a remoção de poluentes é apresentado a seguir. Após a produção de espécies radicalares, os poluentes reagem com elas e produzem dióxido de carbono, ácidos minerais e produtos hidroxilados. A atividade fotocatalítica depende fortemente da capacidade do fotocatalisador para gerar pares de electrões e buracos ao receber luz.

Os excitões produzidos são instáveis e o seu tempo de vida é curto, sendo a sua estabilização necessária para as reacções secundárias. A utilização de semicondutores nanoestruturados em processos fotocatalíticos é superior à dos semicondutores a granel, uma vez que a elevada área superficial específica das nanopartículas permite a acumulação de electrões e buracos na superfície.

Para um fotocatalisador eficiente, o semicondutor deve ter um grande intervalo de banda para fornecer energia suficiente para realizar reacções secundárias e também para minimizar a recombinação de excitões. Um fotocatalisador ideal deve ter as seguintes propriedades

✓ Elevada atividade ótica;

✓ Baixa atividade química e biológica;

✓ Estabilidade da luz;

✓ Baixa toxicidade;

✓ Eficiência económica.

Os foto catalisadores nanoestruturados mais utilizados são o dióxido de titânio, o óxido de zinco, o óxido férrico, o sulfureto de zinco e o sulfureto de cádmio. Os semicondutores com um grande intervalo de banda absorvem a luz na gama ultravioleta; embora a utilização de luz ultravioleta de alta energia para excitar excitões não seja económica.

Por conseguinte, tem sido efectuada muita investigação sobre a utilização da luz visível para estes fotocatalisadores. A luz solar que atinge a superfície da Terra é constituída por 46% de luz visível, 47% de radiação infravermelha e apenas 7% de luz ultravioleta. Para utilizar a luz solar para excitar electrões em fotocatalisadores com um grande intervalo de banda, foram propostos os seguintes métodos.

✓ Dopagem do catalisador semicondutor com metais de transição como o manganês, o cobre, o níquel, o zinco, etc;

✓ Dopagem com não metais como o azoto, o enxofre, o boro, os halogéneos, etc;

✓ Acoplamento com semicondutores que têm um pequeno intervalo de banda;

✓ Sensibilização da superfície do catalisador nanoestruturado com polímeros activos e corantes orgânicos contra a luz visível;

✓ Utilização de nanopartículas metálicas para ajudar a propriedade de plasmon de superfície.

Dopagem significa a introdução de elementos convidados na estrutura cristalina do hospedeiro como um defeito cristalino que pode alterar a estrutura de banda do material.

Remoção de poluentes orgânicos

O processo fotocatalítico é amplamente utilizado para purificar poluentes orgânicos perigosos em substâncias seguras, como o dióxido de carbono e a água. Ao utilizar esta técnica de purificação, são removidos vários tipos de álcoois, ácidos carboxílicos, derivados fenólicos e compostos aromáticos clorados. A libertação de corantes orgânicos das indústrias têxteis para os rios tornou-se uma das preocupações mais importantes nos países em desenvolvimento. As nanopartículas semicondutoras de dióxido de titânio e óxido de zinco são utilizadas para purificar estes poluentes.

Remoção de poluentes minerais

Utilizando a reação fotocatalítica, os poluentes inorgânicos, incluindo iões halogeneto, cianeto, tiocianato, amoníaco, nitratos e nitretos, podem ser bem removidos da água. Durante a investigação efectuada, as nanopartículas de dióxido de titânio conseguiram remover da água os poluentes nitrato de prata e cloreto de mercúrio (II) através de um processo fotocatalítico. Além disso, as nanopartículas de óxido de zinco com luz visível foram capazes de purificar os poluentes cianeto de potássio e crómio hexavalente. Numa investigação que utilizou um compósito de nanotubos de sulfureto de cádmio, foi observada a oxidação fotocatalítica de amoníaco em água.

Remoção de metais pesados

A remoção de metais pesados das águas residuais é outro desafio nas estações de tratamento; porque a sua quantidade nas águas residuais pode variar consoante o tipo de águas residuais. Para manter a saúde humana e aumentar a qualidade da água, a remoção destes poluentes das águas residuais é de particular importância. No entanto, devido à raridade e ao elevado valor de alguns destes metais, a sua recuperação é preferível à sua remoção.

Utilizando o processo fotocatalítico, é possível recuperar vários metais pesados. Foi demonstrada a recuperação de ouro trivalente, platina tetravalente e ródio trivalente utilizando nanopartículas de dióxido de titânio; neste estudo, 90% do ouro foi recuperado a zero PH sob radiação visível. Num outro estudo, o cádmio foi removido de águas residuais utilizando nanopartículas de dióxido de titânio. Nesta investigação, utilizando radiação luminosa com um comprimento de onda de 7,253 nm, mais de 90% do cádmio presente nas águas residuais foi removido e absorvido na superfície das nanopartículas de dióxido de titânio.

Para recuperar o mercúrio metálico das águas residuais que contêm iões deste metal, um grupo de investigadores utilizou carvão ativado e nanopartículas de dióxido de titânio. Combinando estes dois materiais, após a irradiação da luz e o processo fotocatalítico, 70% do mercúrio presente nas águas residuais foi recuperado em nanopartículas de carvão ativado e de dióxido de titânio.

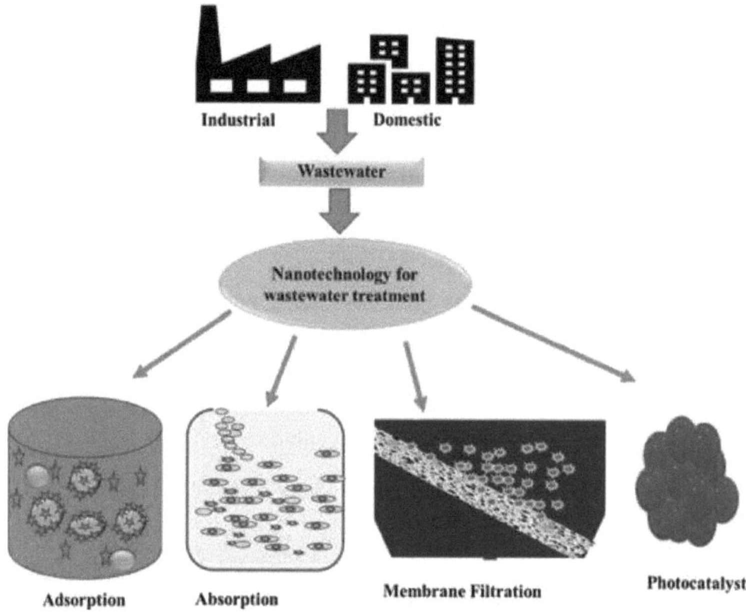

Figura 16. Quatro processos nanotecnológicos no tratamento de águas residuais

Na investigação, o processo de remoção do crómio hexavalente foi investigado utilizando nanocompósito de dióxido de titânio/ouro e comparado com o dióxido de titânio isolado. Sob luz ultravioleta, o compósito mostrou 91% de remoção do crómio e as nanopartículas de dióxido de titânio mostraram 87% de remoção do crómio. A razão para a remoção mais eficaz utilizando o compósito é a absorção de luz numa gama mais ampla devido ao fenómeno de plasmon de superfície que ocorre nas nanopartículas de ouro, para além da redução da taxa de recombinação do par de excitões devido à presença de nanopartículas de ouro.

Eliminação de micróbios

A maioria dos fotocatalisadores também apresenta um efeito antimicrobiano e resiste ao crescimento de microrganismos. O processo de remoção de micróbios inclui basicamente a destruição da parede celular utilizando radicais activos que são produzidos durante as reacções fotocatalíticas, o que acaba por levar à destruição dos micróbios. Várias bactérias, como a Escherichia coli (gram negativa) e a Staphylococcus aureus (gram positiva), podem ser removidas das águas residuais através do processo fotocatalítico.

O tratamento de águas residuais é um processo em que os poluentes são separados da fase aquosa através de processos físicos ou químicos. As águas residuais urbanas são compostas principalmente por água, mas as águas residuais industriais podem ser ricas em corantes orgânicos, gorduras e metais, dependendo da sua origem. As estações de tratamento limpam normalmente as águas residuais em três fases. Mas estas etapas não são capazes de separar todos os poluentes, como os corantes orgânicos e os metais pesados. Além disso, o custo deste tipo de tratamento é elevado devido à necessidade de muitas infra-estruturas. As nanopartículas podem ser utilizadas em processos de tratamento de águas residuais devido à sua elevada superfície específica e elevada reatividade. Os fotocatalisadores são um grupo de nanopartículas que produzem pares eletrão-buraco (excitão) ao receberem radiação, se a energia da radiação for maior ou igual ao seu intervalo de banda. Os excitões produzidos no ambiente húmido têm a capacidade de produzir radicais hidroxilo, que podem oxidar os poluentes e removê-los das águas residuais. Através da utilização de fotocatalisadores, é possível remover das águas residuais substâncias orgânicas, minerais, metais pesados e micróbios.

Aplicação de nanomateriais no tratamento de águas residuais industriais

As águas residuais contêm substâncias adicionais que afectam negativamente a sua qualidade e as tornam impróprias para utilização. As águas residuais são geradas a partir de várias fontes, tais como zonas residenciais, zonas comerciais, propriedades industriais, terrenos agrícolas, etc. A composição das águas residuais varia muito e depende fortemente da fonte a partir da qual são geradas. Os compostos mais comuns das águas residuais incluem minerais como sais, metais pesados, iões metálicos, amoníaco e gases, compostos orgânicos complexos como resíduos, proteínas, matéria orgânica natural, matéria vegetal, alimentos, nitratos e vários outros poluentes das águas subterrâneas e superficiais ou das águas industriais.

Quando estes componentes não são tratados, podem constituir um risco para o ambiente e para os organismos vivos. Por conseguinte, o tratamento das águas residuais industriais antes da sua eliminação é muito importante. Muitos processos de tratamento biológico, físico e químico são utilizados para a gestão das águas residuais. Os materiais e as tecnologias de tratamento comuns, como o carvão ativado, a oxidação, as membranas de osmose inversa (OR) e as lamas activadas, não são suficientes para eliminar as águas poluídas complexas que contêm produtos farmacêuticos, tensioactivos, vários aditivos industriais e produtos químicos abundantes. Os processos de tratamento de água com décadas de existência não conseguem remover adequadamente os produtos químicos tóxicos, a matéria orgânica e os microrganismos da água bruta. Atualmente, os investigadores estão a estudar amplamente a tecnologia de aplicação de nanomateriais no tratamento de águas residuais industriais, uma vez que oferece potenciais vantagens que incluem baixo custo, reutilização e elevada eficiência na remoção e recuperação de poluentes.

Muitos nanomateriais, como os nanotubos de carbono (CNT), as nanomembranas, os zeólitos e os dendrímeros, ajudam a melhorar as vias de tratamento mais adequadas entre os métodos aquosos avançados. Em geral, os nanomateriais são materiais cuja dimensão dos elementos estruturais (pelo menos numa dimensão) se situa entre 1 e 100 nm. Nos nanomateriais, as propriedades como as propriedades mecânicas, eléctricas, ópticas e magnéticas, devido à sua dimensão, são significativamente diferentes das propriedades dos materiais comuns. Os diferentes nanomateriais têm propriedades de catálise, adsorção e elevada reatividade. Nos últimos anos, os nanomateriais têm sido investigados, desenvolvidos e utilizados com sucesso em muitas aplicações, como a catálise, a medicina, a deteção e a biologia.

Em particular, as aplicações de nanomateriais no tratamento de água e de águas residuais têm atraído muita atenção em todo o mundo. Os nanomateriais têm uma elevada capacidade de adsorção, reatividade e mobilidade em solução. Vários tipos de nanomateriais podem remover com êxito iões de metais pesados, poluentes orgânicos, aniões inorgânicos e bactérias. Com base em numerosos estudos, os nanomateriais prometem grandes aplicações no tratamento de águas residuais industriais.

Além disso, os metais de valência zero, os óxidos metálicos, os nanotubos de carbono (CNT) e os nanomateriais à base de grafeno foram amplamente utilizados para aplicações de tratamento de águas residuais.

✓ **Nanomateriais para o tratamento de águas residuais industriais**

Os nanomateriais são geralmente materiais com propriedades avançadas e desenvolvidos com elevado desempenho. Além disso, podem ser de todos os tipos de materiais (por exemplo, metais, polímeros, cerâmicas), incluem semicondutores, materiais de nanoengenharia e biomateriais. A maior parte das técnicas antigas, como a adsorção, a extração e a oxidação química, são geralmente eficazes no tratamento de águas residuais, mas muito dispendiosas. Por conseguinte, os nanomateriais avançados podem desempenhar um papel importante.

1. Nanopartículas de metais e de óxidos metálicos

As nanopartículas metálicas têm sido investigadas para superar metais pesados importantes, como o arsénio, o chumbo, o cádmio, o mercúrio, o cobre, o crómio e o níquel. Mostraram grande capacidade para superar o carvão ativado. As nanopartículas metálicas podem ser produzidas através de métodos de preparação de custo relativamente baixo. A elevada capacidade de absorção, o baixo custo, a fácil separação e regeneração tornam-nas técnica e economicamente vantajosas. Por outro lado, as nanopartículas de óxidos metálicos, como o óxido de ferro e o dióxido de titânio, são adsorventes eficientes e económicos para vários metais pesados.

2. Nanopartículas de prata

As nanopartículas de prata (NPs) são altamente tóxicas para os microrganismos, pelo que têm fortes efeitos antibacterianos contra uma vasta gama de microrganismos, incluindo vírus, bactérias e fungos. As nanopartículas de prata têm sido amplamente utilizadas como um excelente agente antimicrobiano para a desinfeção da água.

3. Nanopartículas de ferro

Nos últimos anos, muitas nanopartículas de metais de valência zero, como o ferro, o zinco, o alumínio e o níquel, têm atraído a atenção de uma vasta investigação no domínio do tratamento da poluição da água. Devido à sua elevada redutibilidade, o Al nano de valência zero é termodinamicamente ativo com a água e preserva a presença de óxidos/hidróxidos na superfície e limita a transferência de electrões da superfície do metal para os poluentes.

Ao contrário do ferro, o potencial de redução normal do níquel é menos negativo, pelo que tem uma baixa redutibilidade. Com um potencial de redução equilibrado típico, o Fe ou o Zn em nanoescala têm um grande potencial para atuar como agentes redutores de muitos poluentes sensíveis à redox. Apesar da sua fraca redutibilidade, o Fe tem várias vantagens enormes sobre o Zn para aplicações no tratamento da poluição da água, incluindo, sem exceção, excelentes propriedades de adsorção, precipitação e oxidação (com a ajuda do oxigénio dissolvido) e baixo custo.

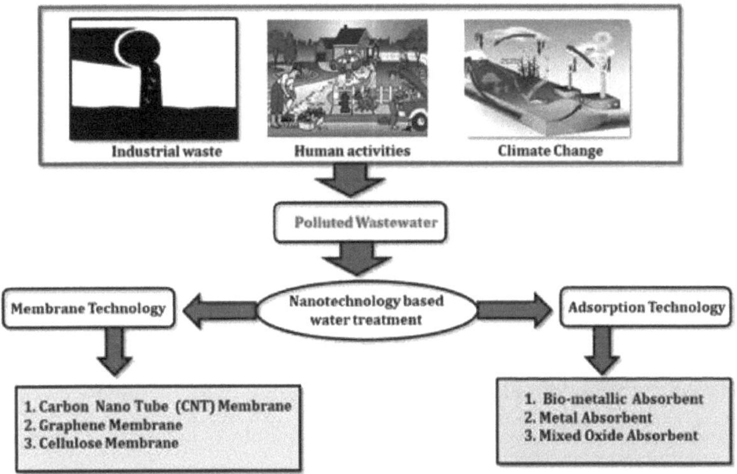

Figura 17. Utilização de nanopartículas na purificação de água

Por conseguinte, entre as nanopartículas metálicas de valência zero, as nanopartículas de ferro de valência zero têm sido as mais estudadas para ultrapassar as várias desvantagens dos iões metálicos. Devido ao seu tamanho muito pequeno e grande área de superfície específica, as nanopartículas de ferro zero-valente têm excelente qualidade de absorção e capacidade de redução estável.

4. Nanopartículas de TiO_2

A degradação fotocatalítica tem atraído muita atenção desde 1972 como uma tecnologia emergente e promissora. Recentemente, a tecnologia de degradação fotocatalítica tem sido aplicada com sucesso para degradar poluentes em águas residuais. Quando a luz e o catalisador estão presentes, os poluentes podem ser gradualmente oxidados em produtos intermédios com baixo peso molecular e, finalmente, CO_2, H_2O e aniões como Cl^-, NO^{3-} e PO^{43-} são convertidos.

Os fotocatalisadores mais comuns são os óxidos metálicos ou os semicondutores de sulfureto, entre os quais o TiO_2 tem sido objeto de uma investigação aprofundada. Devido à sua excelente atividade fotocatalítica, estabilidade à luz, estabilidade química e biológica e preço razoável, o TiO_2 é o fotocatalisador mais excecional até à data.

5. Nanopartículas de ZnO

Para além das nanopartículas de TiO_2, as nanopartículas de ZnO surgiram como outro candidato eficiente no tratamento de águas residuais devido às suas propriedades excepcionais, especialmente o intervalo de banda diversificado na região espetral próxima do UV, a elevada oxidabilidade e as excelentes propriedades fotocatalíticas. As nanopartículas de ZnO são amigas do ambiente porque são compatíveis com os organismos, o que as torna adequadas para o tratamento de águas residuais.

6. Nanomateriais de óxido de ferro

Recentemente, a utilização de nanopartículas de óxido de ferro para a remoção de metais pesados tem recebido muita atenção devido à sua disponibilidade e simplicidade. A magnetite magnética (Fe_3O_4), a maghemite magnética (γ-Fe_2O_4) e a hematite não magnética (α-Fe_2O_3) são frequentemente utilizadas como nano adsorventes. Os investigadores utilizaram com êxito estes materiais como adsorventes para remover vários tipos de metais pesados dos sistemas de esgotos.

Vários tipos de óxidos de ferro, como a goetite ($FeO(OH)$), o óxido de ferro amorfo e cristalino, são utilizados para eliminar iões metálicos como o cobre e o arsénio das águas residuais.

✓ **Nanoabsorventes à base de carbono**

1. Nanotubos de carbono

Os nanotubos de carbono (CNT) têm uma capacidade de adsorção muito mais eficiente do que o carvão ativado para muitos poluentes orgânicos. Esta extraordinária capacidade de adsorção resulta principalmente da grande área de superfície e das várias interações dos CNT com os poluentes.

A superfície efectiva disponível para adsorção em CNT específicos encontra-se nas suas superfícies exteriores. Em solução, os nanotubos de carbono formam agregados soltos devido à natureza hidrofóbica da sua superfície grafítica, o que reduz a sua área de superfície efectiva. No entanto, os agregados de CNT têm espaços intersticiais e canais, que constituem áreas de adsorção elevadas para moléculas orgânicas.

2. Materiais à base de grafeno

Nos últimos dez anos, tem-se verificado um grande aumento do papel do grafeno e dos materiais à base de grafeno para fins ambientais, devido às suas propriedades excepcionais, que apontam para novas potencialidades em múltiplas funções dos processos ambientais. Em comparação com os CNT, a utilização de materiais à base de grafeno como adsorventes para a remoção de espécies inorgânicas de águas residuais pode ter muitas vantagens. Os materiais de grafeno de camada única têm duas superfícies básicas para absorver os poluentes.

✓ **Membranas e processos membranares**

A ideia-chave em que se baseia o tratamento de águas residuais é a remoção de espécies indesejadas da água. As membranas que bloqueiam fisicamente esses componentes dependem do seu tamanho e permitem a utilização de fontes de água invulgares.

Os elevados custos de consumo de energia são um grande problema para a plena utilização dos processos de membranas pressurizadas. A incrustação das membranas aumenta o consumo de energia e reduz o tempo de vida das membranas cujos materiais controlam rigorosamente o desempenho. A incorporação de nanomateriais funcionais nas estruturas das membranas corrige fortemente a permeabilidade, a ausência de incrustações, as propriedades mecânicas e a estabilidade térmica, juntamente com melhores medidas de remoção de toxinas e de auto-limpeza.

1. Membranas de nanofibras

O método de electrospinning é adequado para fabricar fibras muito finas que podem utilizar muitos materiais, como cerâmicas, polímeros e metais. Estas nanofibras fabricadas têm uma elevada porosidade e uma área de

superfície específica como tapetes com uma estrutura de poros complexa.
A disposição, composição, diâmetro e fases secundárias das nanofibras
electrofiadas podem ser facilmente controladas para aplicações precisas.
As nanofibras podem remover partículas finas de fontes de água a uma
boa taxa e sem incrustações significativas. Por conseguinte, podem ser
utilizadas para pré-tratamentos antes dos processos de filtração ou de
osmose inversa (OR).

2. Membranas de nanocompósitos

A nanotecnologia de membranas, através da adição de nanomateriais a
membranas poliméricas ou minerais, leva à criação de várias funções nas
mesmas. Os nanomateriais utilizados para essas aplicações incluem
nanopartículas de óxidos metálicos hidrofílicos (como Al_2O_3, TiO_2 e
zeólito), nanopartículas antimicrobianas (como nano Ag) e (CNT e
nanopartículas fotocatalíticas), como nanopartículas bimetálicas (TiO_2).
Foi demonstrado que a adição de nanopartículas de óxidos metálicos,
como alumina, sílica, zeólito e $TiO_{(2)}$, aumenta a hidrofilicidade e a
permeabilidade da superfície da membrana ou as propriedades anti-
incrustantes das membranas poliméricas de ultrafiltração. Além disso,
com a adição destes materiais de nanopartículas, foram melhoradas várias
propriedades mecânicas e térmicas das membranas poliméricas. Os
nanomateriais têm uma série de propriedades físico-químicas únicas que
os tornam muito atractivos para o tratamento de águas residuais.

- ❖ Superfície mais elevada em comparação com as partículas
  normais;
- ❖ Capacidade de ser funcionalizado com vários grupos químicos
  que actuam para aumentar a sua afinidade para um composto
  específico;

❖ Utilização como legionários recicláveis com elevada seletividade para elementos ou iões nocivos em águas residuais.

Por último, o desenvolvimento de novas membranas de nanocompósitos tem revelado grande sucesso no tratamento de águas residuais, num esforço para melhorar o tempo de vida e a eficiência de remoção devido às suas propriedades anti-incrustantes e antibacterianas. No entanto, as aplicações de nanomateriais no tratamento de águas residuais industriais têm grandes limitações e alguns efeitos nocivos para o ambiente e a saúde humana. Por conseguinte, cria um problema para o desenvolvimento da remoção sustentável de poluentes ambientais. Por conseguinte, devem ser consideradas novas iniciativas de investigação para enfrentar estes desafios e ultrapassar estes obstáculos.

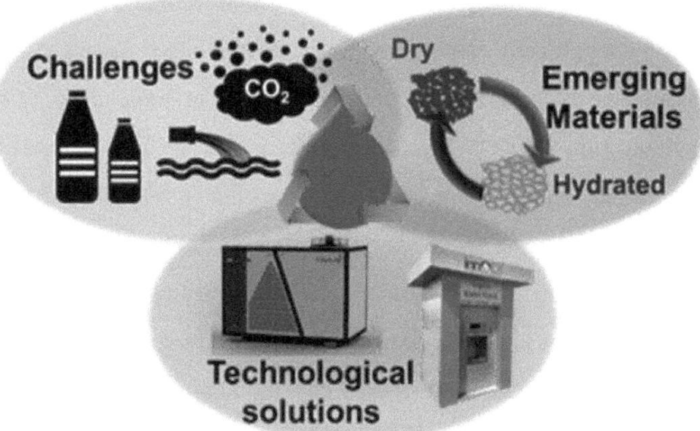

Figura 18. Água limpa através da nanotecnologia: Necessidades, lacunas e cumprimento

Quais são os benefícios do tratamento de águas residuais industriais?

O tratamento de águas residuais industriais tem várias vantagens que desempenham um papel fundamental na proteção do ambiente e na melhoria da qualidade de vida humana:

❖ **Proteção do ambiente:** O tratamento de águas residuais industriais ajuda a remover os poluentes e as substâncias tóxicas da água antes de a libertar no ambiente. Esta redução da poluição ajuda a preservar os ecossistemas naturais e a evitar danos na vida selvagem.

❖ **Manutenção da saúde pública:** O tratamento de águas residuais impede que substâncias nocivas e patogénicas cheguem às fontes de água potável, o que, por sua vez, evita a ocorrência de doenças e problemas de saúde na sociedade.

❖ **Reciclagem e reutilização da água:** O tratamento das águas residuais oferece a possibilidade de reciclagem e reutilização da água, o que pode ser muito útil em zonas com escassez de água.

❖ **Redução dos custos ambientais:** Ao eliminar os poluentes e as toxinas, o tratamento das águas residuais industriais evita o pagamento de multas e custos relacionados com a poluição ambiental.

❖ **Aumento da eficiência industrial:** O tratamento das águas residuais permite que as fábricas cumpram as normas ambientais, garantindo assim a continuidade das suas actividades industriais.

❖ **Melhorar a imagem de marca e a responsabilidade social das empresas:** O cumprimento das normas ambientais e os esforços para reduzir a poluição demonstram a responsabilidade das empresas para com o ambiente e a sociedade.

❖ **Oportunidades de inovação e de desenvolvimento tecnológico:** A atenção dada ao tratamento das águas residuais industriais conduz a avanços tecnológicos neste domínio e cria novas oportunidades de inovação e investigação. De um modo geral, o tratamento das águas residuais industriais desempenha um papel importante na manutenção do equilíbrio ambiental e do desenvolvimento sustentável.

Métodos de tratamento de águas residuais e efluentes industriais

Os métodos de tratamento das águas residuais industriais e das águas residuais são diversos e dependem da natureza das águas residuais e da quantidade de poluentes que contêm. Apresentamos de seguida alguns dos métodos mais comuns:

Métodos comuns

- ❖ **Purificação física:** Incluindo a utilização de redes, coadores e métodos de sedimentação para separar partículas suspensas e grosseiras.
- ❖ **Tratamento químico:** Como a cloração e a oxidação para matar os micróbios e regular a qualidade da água.
- ❖ **Tratamento biológico:** Utilização de bactérias e outros microorganismos para decompor a matéria orgânica.

Novos métodos

- ❖ **Tecnologias de membrana:** Utilização de filtros de membrana avançados para uma separação mais exacta dos poluentes.
- ❖ **Processos de oxidação avançados (POA):** Aplicação de novas técnicas para eliminar substâncias tóxicas e difíceis de purificar.
- ❖ **Nanotecnologias:** A utilização de nanomateriais para aumentar a eficácia e a precisão do tratamento dos poluentes. Estes métodos, isolados ou combinados entre si, são capazes de eliminar de forma mais eficaz os diferentes poluentes presentes nas águas residuais

industriais e contribuir para a preservação do ambiente e da saúde pública.

Tratamento físico das águas residuais industriais

O Tratamento Físico de Águas Residuais Industriais é um dos primeiros passos no processo de tratamento de águas residuais que se centra na remoção de partículas em suspensão e de sólidos maiores das águas residuais. Este processo inclui várias etapas e técnicas diferentes:

- ❖ **Triagem:** Nesta fase, as águas residuais são passadas através de malhas ou filtros de diferentes tamanhos para separar partículas grandes, como pedaços de plástico, madeira e outros materiais sólidos de grandes dimensões. Isto ajuda a evitar entupimentos e danos no equipamento mais tarde no processo de tratamento.

- ❖ **Remoção de grão (remoção de partículas pesadas):** Nesta fase, as partículas mais pesadas, tais como gravilha, areia e outros depósitos minerais, são separadas das águas residuais. Isto é normalmente feito através de sedimentação em tanques especiais chamados Câmaras de Grit.

- ❖ **Sedimentação:** Depois de passarem pelas fases iniciais, as águas residuais entram nas lagoas de sedimentação, onde as partículas mais pequenas se depositam gradualmente no fundo da lagoa. Este processo baseia-se no princípio da separação com base na gravidade específica das partículas.

- ❖ **Flotação:** Em alguns casos, especialmente para separar gorduras e óleos, é utilizado o processo de flotação. Neste método, as bolhas de ar são adicionadas às águas residuais e fixadas às partículas em suspensão, e depois estas bolhas flutuam até à superfície da água e levantam as partículas que lhes estão agarradas.

❖ **Filtração:** Este passo, que normalmente se encontra no final do processo de tratamento físico, envolve a passagem das águas residuais através de filtros com poros finos para remover as partículas restantes. Os métodos de tratamento físico das águas residuais industriais são considerados como uma etapa vital no processo completo de tratamento de águas residuais, uma vez que, ao remover partículas e sólidos em suspensão, podem melhorar a eficácia das etapas de tratamento subsequentes e evitar danos em equipamentos mais sensíveis.

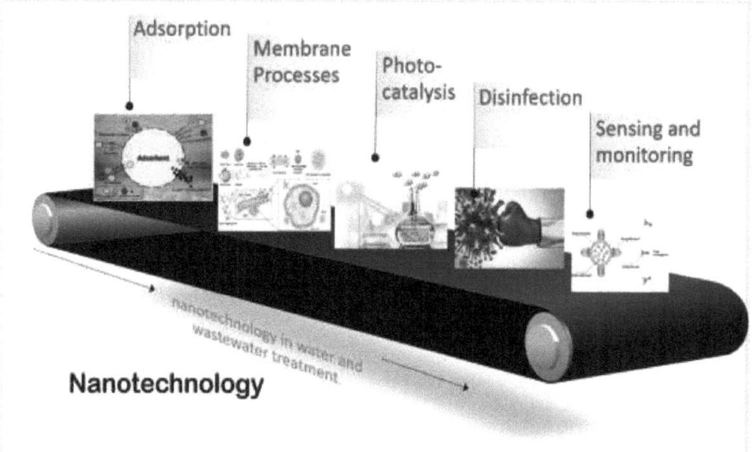

Figura 19. Nanotecnologia no tratamento de água e de águas residuais

Tratamento químico de águas residuais industriais

O tratamento químico das águas residuais industriais (Tratamento Químico de Águas Residuais Industriais) refere-se a processos em que são utilizadas reacções químicas para remover ou transformar os poluentes das águas residuais. Estes métodos incluem os seguintes:

❖ **Neutralização:** Este processo é utilizado para ajustar o PH do efluente. São adicionados ácidos e bases ao efluente para que o seu

PH atinja o nível desejado. Este trabalho é necessário para evitar a corrosão do equipamento e proteger o ambiente.

❖ **Coagulação e Floculação (Coagulation and Flocculation):** Estes dois processos são normalmente utilizados em conjunto para recolher partículas finas suspensas nas águas residuais e transformá-las em flocos maiores que podem ser facilmente sedimentados ou filtrados. Para este efeito, são utilizados vários coagulantes e floculantes químicos.

❖ **Oxidação química:** Neste método, são utilizadas substâncias oxidantes como o cloro ou o ozono para destruir as substâncias orgânicas e eliminar os microrganismos. Este processo também pode ser utilizado para remover a cor, o odor e o sabor desagradável das águas residuais.

❖ **Precipitação química:** Este método envolve a adição de produtos químicos às águas residuais que provocam a formação de sedimentos que contêm poluentes. Estes depósitos podem depois ser facilmente removidos.

❖ **Adsorção:** Utilização de materiais absorventes, como o carvão ativado, para remover os poluentes dissolvidos das águas residuais. Neste processo, os poluentes aderem à superfície do material absorvente. O tratamento químico das águas residuais industriais pode ser eficaz na remoção de uma vasta gama de poluentes, incluindo matéria orgânica, metais pesados e nitratos. Estes métodos são principalmente utilizados em combinação com outros processos de tratamento físico e biológico para melhorar a eficiência global do processo de tratamento.

Tratamento biológico de águas residuais industriais

O tratamento biológico das águas residuais industriais (Tratamento Biológico de Águas Residuais Industriais) é um método eficaz para remover substâncias orgânicas, alguns minerais e microrganismos nocivos das águas residuais.

Neste processo, as actividades biológicas dos microrganismos são utilizadas para decompor a matéria orgânica em produtos mais simples. Estes métodos incluem:

- ❖ **Processo de lamas activadas:** Neste método, as águas residuais são misturadas com lamas activadas que contêm microorganismos activos. O arejamento nesta fase fornece o oxigénio necessário para as actividades metabólicas dos microrganismos. Os microrganismos consomem a matéria orgânica e convertem-na em dióxido de carbono, água e biomassa.

- ❖ **Filtro de gotejamento:** Neste sistema, as águas residuais são passadas sobre um leito cheio de materiais porosos, como pedra ou plástico, sobre os quais se forma uma camada de microrganismos. Estes microrganismos decompõem a matéria orgânica presente nas águas residuais.

- ❖ **Contactores biológicos rotativos (RBC):** Neste processo, grandes discos cobertos de bactérias são lentamente rodados nas águas residuais. As bactérias absorvem e decompõem a matéria orgânica das águas residuais.

- ❖ **Bioreactores de membrana (MBR):** Este processo é uma combinação de tratamento biológico e filtração por membrana. Os microrganismos decompõem a matéria orgânica e as águas residuais são depois filtradas através de membranas, que removem os restantes sólidos e microrganismos.

- ❖ **Processos Aeróbios e Anaeróbios:** O tratamento biológico pode ser feito em condições aeróbias (com oxigénio) ou anaeróbias (sem oxigénio). Cada um destes processos é adequado para um tipo específico de águas residuais e de poluentes. O tratamento biológico de águas residuais industriais ajuda a reduzir a carga poluente das águas residuais e é uma parte importante do processo global de tratamento de águas residuais. Estes métodos são necessários para remover a matéria orgânica e melhorar a qualidade das águas residuais antes da sua eliminação ou reciclagem.

Processos aeróbios e anaeróbios no tratamento de águas residuais industriais

Os processos aeróbios e anaeróbios no tratamento de águas residuais referem-se a dois tipos diferentes de processos biológicos que são utilizados para decompor a matéria orgânica e remover os poluentes das águas residuais. A principal diferença entre estes dois métodos é o tipo de microrganismos utilizados e as condições ambientais necessárias para as suas actividades metabólicas.

Processos aeróbicos

Os processos aeróbios ocorrem em condições em que o oxigénio é abundante. Nestes processos, os microrganismos aeróbios utilizam os materiais orgânicos presentes nas águas residuais como fonte de alimento e decompõem-nos em água, dióxido de carbono e biomassa. Este processo requer arejamento para garantir a existência de oxigénio suficiente para os microrganismos.

Aplicações

✓ Tratamento de águas residuais urbanas e industriais;

✓ Remoção de matéria orgânica e redução do consumo bioquímico de oxigénio (CBO).

Processos anaeróbios

Os processos anaeróbios são realizados na ausência de oxigénio. Neste caso, os microrganismos anaeróbios não necessitam de oxigénio para decompor a matéria orgânica. Em vez disso, decompõem a matéria orgânica noutros produtos, como o metano, o dióxido de carbono e a água. Os processos anaeróbios são normalmente utilizados para tratar águas residuais com uma elevada carga orgânica.

Aplicações

✓　Tratamento de águas residuais industriais com elevada carga orgânica, como as águas residuais de instalações de produção alimentar;

✓　Produção de biogás que pode ser utilizado como fonte de energia.

Em ambos os processos, a seleção do método adequado depende das caraterísticas do efluente, dos objectivos do tratamento e das condições de funcionamento. Os processos aeróbios são normalmente mais rápidos e menos dispendiosos, mas os processos anaeróbios são mais úteis para águas residuais mais pesadas e em situações em que se pretende a produção de energia a partir do biogás.

Os mais recentes métodos de tratamento de águas residuais industriais

Os mais recentes métodos de tratamento de águas residuais industriais foram desenvolvidos com o objetivo de aumentar a eficiência, reduzir os custos e os impactos ambientais, bem como reciclar materiais valiosos. Eis alguns destes novos métodos:

Tecnologias avançadas de membranas

✓ **Explicação:** Utilização de membranas de elevado desempenho para uma separação mais precisa dos poluentes. Isto inclui processos como a osmose inversa e a nanofiltração;

✓ **Aplicação:** Remoção de minerais, metais pesados e substâncias orgânicas dissolvidas.

Processos de oxidação avançados (POA)

✓ **Explicação:** Utilização de compostos oxidantes fortes, como o ozono, o peróxido de hidrogénio e a luz UV para decompor materiais orgânicos complexos;

✓ **Aplicação:** Tratamento de águas residuais com poluentes difíceis de decompor, tais como produtos farmacêuticos e químicos industriais.

Tratamento biológico avançado

✓ **Explicação:** Utilização de sistemas biológicos de elevado desempenho, como os biorreactores de membrana (MBR) e os reactores de biofilme;

✓ **Aplicações:** Remoção de matéria orgânica e azoto, redução de CBO e CQO.

Tratamento anaeróbio com produção de energia

✓ **Explicação:** Utilização de processos anaeróbios para produzir biogás como fonte de energia renovável;

✓ **Aplicação:** Tratamento de águas residuais com elevada carga orgânica, como as águas residuais das indústrias alimentar e agrícola.

Nano tecnologias

✓ **Explicação:** Utilização de nanomateriais para remover poluentes microscópicos, purificação e absorção mais eficiente;

✓ **Aplicação:** Remoção de metais pesados, produtos químicos especiais e até micróbios.

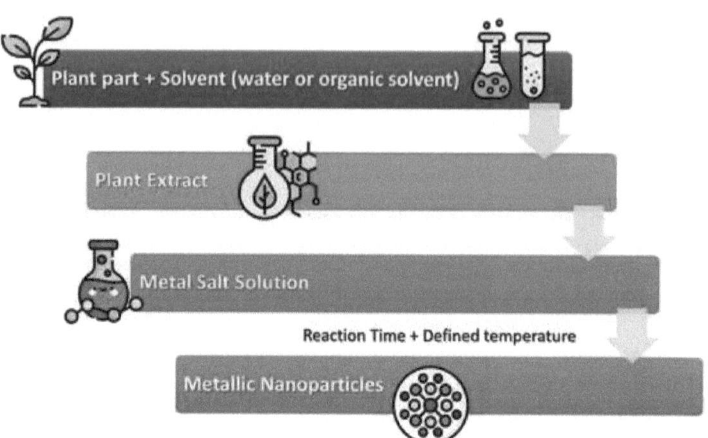

Figura 20. Vários nanomateriais verdes utilizados no tratamento de águas residuais e solos

Processos combinados

✓ **Explicação:** Combinação de vários processos de tratamento, como a combinação de tratamento biológico com tecnologias de membrana ou de oxidação avançada;

✓ **Aplicação:** Melhorar a eficiência do tratamento e realizar os objectivos específicos do tratamento de acordo com o tipo de águas residuais.

Estes novos métodos foram desenvolvidos especialmente para lidar com os desafios do tratamento de águas residuais com poluentes difíceis de decompor e reduzir os impactos ambientais. Permitem também a recuperação de recursos e a produção de energia, avançando para um tratamento mais sustentável e económico.

Etapas do tratamento de águas residuais e de efluentes industriais

O tratamento de águas residuais e de efluentes industriais consiste em várias etapas básicas destinadas a remover os poluentes e a purificar a água para reutilização ou eliminação segura no ambiente. Estas etapas são:

Tratamento preliminar

✓ **Objetivo:** Remoção de partículas grosseiras e proteção do equipamento e estruturas subsequentes;

✓ **Processos:** Incluindo peneiramento, remoção de grão e separação de óleo e graxa.

Tratamento primário

✓ **Objetivo:** Reduzir os sólidos em suspensão e a matéria orgânica;

✓ **Processos:** Os tanques de sedimentação são normalmente utilizados para separar materiais sólidos.

Tratamento secundário

✓ **Objetivo:** Remoção de matéria orgânica dissolvida e microorganismos.

Processos

✓ **Tratamento biológico:** Utilização de microrganismos em processos aeróbios (como as lamas activadas) ou anaeróbios;

✓ **Filtração biológica:** Utilização de filtros de gotas ou reactores de biofilme.

Tratamento terciário

✓ **Objetivo:** Eliminar os poluentes residuais e melhorar a qualidade da água.

Processos

✓ **Tecnologias de membranas:** Como a osmose inversa ou a nanofiltração;

✓ **Processos de oxidação avançados:** Utilização de ozono, peróxido de hidrogénio e luz UV;

✓ **Adsorção de carvão ativado:** Para remover a matéria orgânica e o odor.

Desinfeção

✓ **Objetivo:** Matar ou inativar os microrganismos remanescentes;

✓ **Processos:** Utilização de cloro, raios ultravioleta (UV) ou ozono.

Gestão das lamas

✓ **Objetivo:** Tratamento e eliminação segura de lamas produzidas em processos de purificação;

✓ **Processos:** Digestão anaeróbia, secagem, compostagem ou incineração.

Cada etapa destes processos é concebida para remover um tipo específico de poluentes e pode ser personalizada em função das necessidades e condições específicas de cada indústria.

Escolher o melhor método de tratamento de águas residuais industriais

A escolha do melhor método de tratamento de águas residuais industriais depende de vários factores, incluindo o tipo de indústria, a composição das águas residuais, a regulamentação ambiental e os custos operacionais. De seguida, são apresentados métodos de tratamento adequados e exemplos das suas aplicações para várias indústrias diferentes:

Indústria alimentar

✓ **Problema:** Elevada carga bioquímica de consumo de oxigénio (CBO) e presença de matéria orgânica;

✓ **Solução:** Utilizar processos biológicos aeróbios, como o processo de lamas activadas, para remover a matéria orgânica;

✓ **Exemplo:** Fábricas que produzem bebidas e produtos lácteos.

Indústria química

✓ **Problema:** Presença de produtos químicos tóxicos e nocivos;

✓ **Solução:** Utilizar processos químicos como a oxidação química (Chemical Oxidation) para decompor as substâncias tóxicas;

✓ **Exemplo:** Fábricas que produzem materiais plásticos e tintas.

Indústrias metalúrgicas e minerais

✓ **Problema:** Presença de metais pesados e minerais;

✓ **Solução:** Utilizar métodos de precipitação química para remover metais pesados;

✓ **Exemplo:** Fábricas de transformação de cobre e ferro.

Indústrias do petróleo e do gás

✓ **Problema:** Presença de hidrocarbonetos e substâncias petrolíferas;

✓ **Solução:** Utilização de processos biológicos anaeróbios para decompor os hidrocarbonetos e produzir biogás;

✓ **Exemplo:** Refinarias e centros de refinação de petróleo.

Indústria farmacêutica

✓ **Problema:** A presença de substâncias farmacêuticas e químicas complexas;

✓ **Solução:** Utilizar processos avançados como os raios ultravioleta (UV) para remover os produtos farmacêuticos;

✓ **Exemplo:** Fabricantes de vários medicamentos.

Ao escolher um método de tratamento, é importante efetuar uma análise cuidadosa da composição das águas residuais, bem como considerar factores como os custos iniciais e de funcionamento, o espaço necessário para a instalação e os requisitos ambientais. Cada indústria requer uma abordagem específica para o tratamento das suas águas residuais.

Introdução aos tipos de águas residuais industriais

As águas residuais industriais referem-se à água poluída como resultado de actividades industriais. Este tipo de águas residuais pode conter uma grande variedade de poluentes, dependendo do tipo de indústria e dos processos em que são utilizadas. Seguem-se alguns tipos comuns de águas residuais industriais e as suas caraterísticas:

Águas residuais da indústria alimentar e das bebidas

✓ **Caraterísticas:** Elevada carga de consumo bioquímico de oxigénio (CBO) e de consumo químico de oxigénio (CQO), matéria orgânica, gorduras e óleos;

✓ **Exemplos:** Indústrias de transformação de carne, lacticínios, bebidas e conservas.

Águas residuais da indústria química

✓ **Caraterísticas:** Contém vários produtos químicos, solventes, ácidos, bases e substâncias tóxicas;

✓ **Exemplos:** Produção de materiais plásticos, tintas e produtos químicos industriais.

Águas residuais das indústrias metalúrgicas e mineiras

✓ **Caraterísticas:** Contém metais pesados, minerais e poluentes minerais;

✓ **Exemplos:** Processamento de metais, mineração e galvanização.

Águas residuais da indústria farmacêutica

✓ **Caraterísticas:** Contém compostos medicinais activos, produtos químicos especiais e solventes;

✓ **Exemplos:** Produção de medicamentos e produtos farmacêuticos.

Águas residuais das indústrias do petróleo e do gás

✓ **Caraterísticas:** Contém hidrocarbonetos, óleos, gorduras e produtos químicos;

✓ **Exemplos:** Refinação de petróleo, refinação de gás e produção petroquímica.

Águas residuais das indústrias do papel e da pasta de papel

✓ **Caraterísticas:** Contém substâncias orgânicas, corantes e produtos químicos utilizados no processo de branqueamento;

✓ **Exemplos:** Produção de papel e cartão.

Águas residuais da indústria têxtil

✓ **Caraterísticas:** Contém corantes, produtos químicos e substâncias orgânicas;

✓ **Exemplos:** Tingimento, impressão e acabamento de tecidos.

Cada uma destas águas residuais industriais requer os seus próprios métodos de tratamento, porque os poluentes e os compostos nelas contidos são diferentes. A escolha do método de tratamento adequado para cada tipo de água residual depende da composição química e das restrições ambientais e económicas.

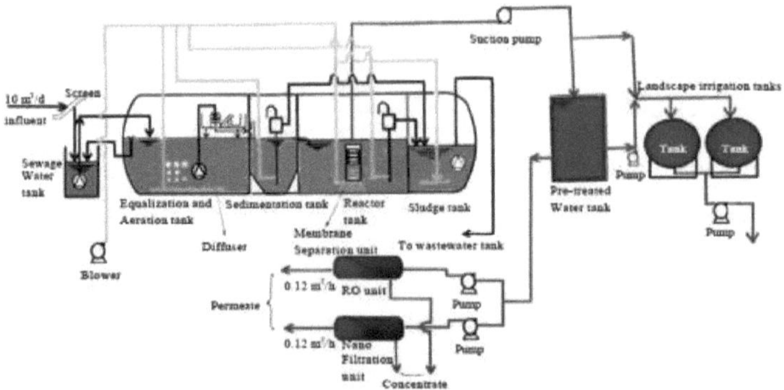

Figura 21. Avaliação do desempenho da estação de tratamento de águas residuais

Capítulo III
A utilização de nanomateriais na indústria de purificação

A ciência, a tecnologia, a engenharia e a civilização humana estão a progredir a um ritmo acelerado e a ultrapassar fronteiras e interfaces. A proteção do ambiente, a recuperação dos ecossistemas e a sustentabilidade estão no meio da tolerância, do engenho e da origem. A humanidade encontra-se num momento crítico, uma vez que as alterações climáticas globais, a perda de biodiversidade ecológica e ecológica e as catástrofes ambientais estão a tornar-se preocupações crescentes do mundo científico e da engenharia. Numa situação tão crítica para a ciência e a engenharia mundiais, os nanomateriais têm aplicações comprovadas e em grande escala no tratamento da água potável e das águas residuais. O génio das aplicações científicas, tecnológicas e de engenharia na sociedade humana atual depende realmente da aplicação da nanotecnologia.

Por conseguinte, é necessário um tratado abrangente. O autor também discute em profundidade as técnicas de engenharia ambiental convencionais e não convencionais no tratamento de água potável e de águas residuais industriais. A avaliação do risco, da toxicidade e do destino dos nanomateriais no ambiente é uma das muitas necessidades para o avanço da ciência e da humanidade. Atualmente, no cenário global, existem muitas vantagens e desvantagens na nano-purificação da água e das águas residuais. O autor discute estas áreas e questões científicas em profundidade, com perspicácia, acuidade e determinação científica. Se os esforços concertados de cientistas, engenheiros, investigadores, estudantes, decisores políticos e nações forem feitos para lidar com o problema candente e preocupante da água potável e do tratamento de águas residuais industriais, surgirá certamente uma nova era na ciência e engenharia da melhoria ambiental.

Várias indústrias, incluindo as de baterias, ligas, minas e galvanoplastia, geram grandes volumes de águas residuais poluídas. Os poluentes das águas residuais (metais pesados tóxicos e outras impurezas) causam numerosos efeitos nocivos nos organismos vivos e no ambiente. A nanotecnologia é uma ferramenta eficiente e de baixo custo para a purificação de águas industriais. A qualidade das águas residuais tratadas é um fator crítico para a sua reutilização, o que significa que a água reciclada para utilizações específicas deve cumprir as normas de segurança. Vários processos de produção geram uma grande quantidade de efluentes poluídos.

O tipo de poluente presente nas águas residuais industriais depende do processo de produção. Em geral, os poluentes das águas residuais industriais incluem compostos orgânicos, PH muito elevado, metais pesados tóxicos, sal elevado e elevada turvação (causada pela presença de impurezas inorgânicas).

A poluição industrial, juntamente com as águas residuais domésticas, agrícolas e urbanas, polui os rios e torna difícil o tratamento da água para remover todos os poluentes. Esta poluição pode afetar a qualidade dos rios, a qualidade de vida dos animais aquáticos e também afetar a saúde humana através do consumo de água.

A fim de melhorar a qualidade da água, a nanotecnologia tem sido estudada como uma alternativa para uma melhor remoção de poluentes, tais como metais pesados, separação de águas oleosas e atividade antimicrobiana. Além disso, com o aumento da industrialização e a poluição dos rios, a água do mar pode ser uma fonte alternativa interessante de água potável após tratamento adequado. Os nanomateriais estão a ser estudados como uma possibilidade de remover o sal da água do mar e torná-la potável.

No entanto, é necessário clarificar os riscos potenciais que estes nanomateriais podem causar ao ambiente. Como resultado da industrialização do mundo atual, os rios têm sido poluídos pelo ambiente através da descarga de produtos químicos perigosos, incluindo metais pesados. Para além da poluição industrial, as águas residuais domésticas e as escorrências agrícolas e urbanas constituem também uma dupla preocupação para a qualidade dos rios. Esta poluição pode levar à bioacumulação de metais na água e nos animais aquáticos, o que constitui uma ameaça para a saúde humana e animal. Os poluentes da água , como os iões de metais pesados e os corantes, são muito nocivos para os organismos vivos e podem afetar o ecossistema.

Os métodos convencionais de purificação da água não são muito eficazes na remoção de muitos poluentes presentes na mesma. Com base neste problema, a nanotecnologia pode melhorar o tratamento da água devido ao tamanho dos nanomateriais, que têm uma área de superfície maior, elevada reatividade, cinética rápida e o custo dos nanomateriais é uma das vantagens importantes da utilização destes materiais.

Estima-se que cerca de 663 milhões de pessoas não têm acesso a água potável, principalmente nos países em desenvolvimento. Por conseguinte, em situações em que por vezes não há purificação da água, a necessidade de fornecer água básica a estas pessoas é essencial. A remoção de poluentes da água poluída é necessária para evitar danos à saúde humana e ao meio ambiente.

Com base nos problemas acima mencionados, este trabalho tem como objetivo utilizar nanomateriais para melhorar a qualidade da água no que diz respeito à remoção de metais e óleo, à capacidade de dessalinização e à atividade antimicrobiana, bem como discutir os potenciais riscos que estes nanomateriais podem causar ao ambiente. Desta forma, investigámos a aplicação da nanotecnologia no tratamento de água e de águas residuais.

Aplicação da nanotecnologia no tratamento de águas residuais e da água

A nanotecnologia inclui os nanomateriais que têm pelo menos um componente com uma dimensão inferior a 100 nm. A nanotecnologia começou em 1959 com o discurso do físico Richard Feynman na reunião anual da American Physical Society intitulado "There's a Lot of Room at the Bottom" (Há muito espaço no fundo).

A aplicação da nanotecnologia no tratamento de águas residuais e de água potável tem sido estudada e considerada como um dos processos mais avançados neste domínio. Com base nos nanomateriais, o tratamento da água pode ser dividido em três grupos principais: Nano-adsorvente, nano-catalisador e nano-membrana.

1. Nano adsorventes no tratamento de água e de águas residuais

Os nano adsorventes são nanopartículas compostas por materiais orgânicos ou inorgânicos com elevada afinidade para absorver substâncias. Por outras palavras, têm a capacidade de remover muitos poluentes. Estas nanopartículas são desenvolvidas e utilizadas para remover vários tipos de poluentes. Estes tipos de materiais têm caraterísticas importantes, como o potencial catalítico, o tamanho reduzido, a elevada reatividade e a grande energia de superfície. Podem ser classificados com base no seu processo de absorção, que inclui nanopartículas metálicas, óxidos mistos nanoestruturados, nanopartículas magnéticas e nanopartículas de óxidos metálicos.

2. Nano catalisadores no tratamento de água e de águas residuais

Os nanocatalisadores baseiam-se na interação da energia luminosa com nanopartículas metálicas. Este tipo de purificação foi considerado devido às suas extensas actividades fotocatalíticas. As actividades fotocatalíticas baseiam-se na destruição de bactérias e matéria orgânica por reação com radicais hidroxilo. Os materiais utilizados nos nanocatalisadores são geralmente materiais inorgânicos, como semicondutores e óxidos metálicos. No entanto, para serem considerados nanofotocatalíticos, devem cumprir alguns requisitos.

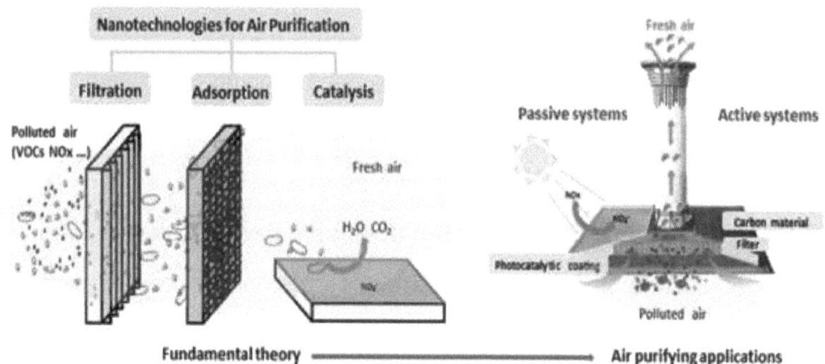

Figura 22. Purificadores de ar avançados que utilizam novos nanomateriais desinfectantes

3. Nano membranas no tratamento de água e de águas residuais

As nano membranas são responsáveis pela separação de partículas das águas residuais. Podem ser muito eficientes na remoção de corantes, metais pesados e outros poluentes. Os nanomateriais utilizados como membranas são os nanotubos, as nanofitas e as nanofibras. Por vezes, o tratamento convencional da água não pode ser muito eficaz na remoção de alguns poluentes, como metais e microrganismos. Outro problema é a formação de subprodutos de desinfeção (DPB), que são perigosos para a saúde humana.

Os metais pesados, bem como alguns aniões, são altamente tóxicos e esta propriedade pode causar danos reais aos seres humanos e ao ecossistema. Por conseguinte, os investigadores estudaram a eficiência do nano-ferrofluido magnético, que actua como coagulante na água, como possível adsorvente de metais pesados. Os resultados mostraram que com o aumento do PH de 4 para 8, a eficiência de remoção de metais aumentou para quase 100%, estes metais pesados foram Fe^{2+}, Pb^{2+}, $Zn^{(2+)}$) e Cu^{2+}. Outros metais analisados (Ni^{2+}, Mn^{2+}, $Co^{(2+)}$, $Cd^{(2+)}$)) também tiveram um aumento na eficiência de remoção de metais, mas permaneceram abaixo de 90%.

Entre estes processos, a filtração, a coagulação, a modificação biológica ou eletroquímica e a absorção, a absorção é mais flexível em termos de conceção e funcionamento e pode produzir água purificada de alta qualidade. Os óxidos metálicos em dimensões nanométricas são adsorventes importantes, que incluem óxidos de ferro, óxidos de manganês, óxidos de alumínio e óxidos de titânio. O tamanho e a forma destes materiais são factores importantes para o desempenho da absorção. A utilização de nanomateriais de óxidos de ferro na purificação de água pode ocorrer a partir de duas aplicações diferentes: A utilização de nanomateriais de ferro como um tipo de nano absorvente e a utilização como foto catalisador, convertendo poluentes em materiais menos tóxicos. Os materiais à base de carbono são utilizados como adsorventes, como é o caso dos nanotubos de carbono (CNT), e têm uma elevada relação superfície/volume e distribuição do tamanho dos poros. Com estas propriedades, os CNT oferecem capacidades de adsorção significativas em comparação com o carvão ativado granular ou em pó. Outro material à base de carbono é o grafeno, que é considerado um absorvente eficiente devido à sua grande área específica e ao seu ambiente rico em electrões.

O óxido de grafeno também mostrou uma elevada capacidade de adsorção devido aos seus fortes grupos funcionais.

Os derrames de petróleo ocorrem a partir de fontes naturais ou de resíduos industriais e, consequentemente, afectam o ecossistema. Juntamente com as indústrias, as águas residuais domésticas também podem conter petróleo e a sua produção está a aumentar rapidamente. São utilizados vários métodos para separar o petróleo da água contaminada com petróleo; no entanto, são dispendiosos e, por vezes, pouco eficazes. Têm sido estudadas novas tecnologias para este fim e, até à data, a nanotecnologia tem-se revelado mais rentável.

Algumas propriedades dos nanomateriais podem ser utilizadas na separação efectiva do óleo da água, nomeadamente a elevada eficiência de separação, a boa capacidade de reciclagem, a compatibilidade ambiental e a facilidade de fabrico. Alguns investigadores desenvolveram estruturas com nanomateriais para separar o óleo da água. Numa destas investigações, a nano-sílica hidrofóbica foi utilizada para remover a gasolina e o gasóleo da água.

Os seus resultados mostraram que este material era mais eficaz na remoção destes óleos do que os adsorventes orgânicos ou inorgânicos existentes. Outros investigadores do conceberam uma esponja capaz de remover o óleo da água. Utilizaram nanopartículas de prata revestidas na superfície de uma esponja porosa.

Os resultados mostraram que esta esponja tem propriedades super-hidrofóbicas e de auto-limpeza e que a esponja pode ser reutilizada várias vezes. No entanto, dos muitos solventes e óleos orgânicos testados, a capacidade de absorção da esponja depende da densidade, viscosidade e tensão superficial do material, resultando em diferentes volumes de capacidade de absorção. O crescimento da população e a urbanização acabarão por exigir novas fontes de água doce acessíveis.

A dessalinização é estudada como uma importante fonte de água potável, quando a água do mar é uma enorme fonte de água, a dessalinização é caracterizada pela extração de componentes minerais de diferentes fontes de água, como a água do mar, a água salgada e a água purificada. Alguns dos métodos convencionais para remover o sal da água incluem processos como a precipitação, a oxidação, a redução, a troca iónica, a filtração por membrana e a adsorção superficial. O tratamento convencional da água não é muito eficaz na remoção do sal da água, no entanto, alguns métodos, como as membranas de osmose inversa, requerem alta pressão e resultam em quantidades significativas de resíduos líquidos.

Por conseguinte, a utilização de nanomateriais que requerem uma pressão mais baixa, bem como um baixo consumo de energia e uma elevada remoção de sal, é estudada como uma via adequada para a dessalinização sustentável por membrana. Um dos nanomateriais de grande interesse é o grafeno, um alótropo do carbono, que foi mais estudado devido às suas propriedades como a resistência, as propriedades químicas e a espessura. A investigação realizada com o grafeno mostrou o potencial que o grafeno nano poroso pode ter como membrana selectiva para a dessalinização da água.

O óxido de grafeno (GO), uma forma de grafeno, contém grupos funcionais que conduzem à hidrofilicidade e a uma elevada densidade de carga negativa, sendo estas propriedades essenciais para o processo de dessalinização. Noutra investigação, , foi avaliada a capacidade das membranas de nano-hidroxiapatite para remover o sal da água.

Os resultados mostraram que quando a concentração de NaCl aumentou, a excreção de sal pela membrana também aumentou e atingiu 73% de rejeição a uma concentração de 5000 ppm de sal.

Nano significa objectos muito pequenos com tamanhos inferiores a 100 nanómetros. Um dos métodos de purificação da água é a utilização da nanotecnologia, que é feita por membranas de nanofiltração, nanopartículas activas, nanopartículas de prata e nanopartículas de dióxido de titânio. Esta tecnologia é utilizada na purificação da água para remover partículas e substâncias poluídas da água através de filtração e absorção ativa.

Este método pode remover a contaminação química e microbiana da água e melhorar a sua qualidade. De acordo com estudos, cerca de 663 milhões de pessoas nos países em desenvolvimento não têm acesso a água potável. Por conseguinte, em situações em que por vezes não existe purificação da água, é necessário fornecer água básica a estas pessoas. Por outro lado, a remoção de poluentes da água poluída é vital para evitar danos à saúde humana. Com a utilização de nanomateriais, a saúde da água pode ser alcançada em grande medida. Nesta secção, examinaremos mais detalhadamente a aplicação desta nanotecnologia na remoção de poluentes da água.

Os nano sorventes são partículas compostas por materiais inorgânicos e orgânicos com elevada afinidade para materiais absorventes. Por outras palavras, estes materiais têm a capacidade de remover muitos poluentes. Estas nanopartículas são utilizadas para remover vários tipos de poluentes desenvolvidos.

Estes tipos de materiais têm caraterísticas importantes, como o potencial catalítico, o tamanho reduzido, a elevada reatividade e a grande energia de superfície. Podem ser classificados com base no processo de absorção, que inclui nanopartículas metálicas, óxidos mistos nanoestruturados, nanopartículas magnéticas e nanopartículas de óxidos metálicos. Os nanocatalisadores são o resultado da interação da energia luminosa com nanopartículas metálicas. Este tipo de purificação tem sido notado devido às suas extensas actividades fotocatalíticas. As actividades fotocatalíticas baseiam-se na destruição de bactérias e materiais orgânicos através da reação com radicais hidroxilo. Os materiais utilizados nos nanocatalisadores são geralmente materiais inorgânicos, como semicondutores e óxidos metálicos. No entanto, para considerar a nanofotocatálise, devem ser cumpridos alguns requisitos.

Aplicação de nano na purificação da água

Nano membranas na purificação da água

A função das nano membranas é separar as partículas das águas residuais. Podem ser muito eficientes na remoção de corantes, metais pesados e outros poluentes. As nano membranas incluem materiais como membranas de nanotubos, nanofitas e nanofibras. Por vezes, a purificação normal da água não pode ser eficaz na remoção de alguns poluentes, como metais e microrganismos.

Remoção de óleo e gordura na água com nano materiais

Eventos como derrames de petróleo ou descargas de indústrias do ecossistema afectam a água. São utilizados vários métodos para separar o petróleo da água contaminada por petróleo, que são dispendiosos e por vezes ineficazes. Foram estudadas novas tecnologias para este efeito e a nanotecnologia é um dos métodos mais rentáveis.

Uma das propriedades úteis da utilização da nanotecnologia na purificação da água pode ser a separação efectiva do óleo da água, o que inclui uma elevada eficiência de separação, uma reciclabilidade favorável e a compatibilidade com o ambiente. Um grupo de investigadores também concebeu uma esponja capaz de remover o óleo da água. Estas são cobertas com nanopartículas de prata e colocadas na superfície de uma esponja porosa.

Remoção de arsénio por nano

O arsénio é uma substância tóxica e cancerígena, inodora e insípida. A utilização a longo prazo de água contaminada com arsénico provoca cancros da pele, dos pulmões, dos rins e do cólon. De acordo com as normas da Organização Mundial de Saúde, a quantidade admissível de arsénico na água é igual a 10 miligramas por litro; por conseguinte, a remoção desta substância perigosa da água potável é uma das necessidades.

Existem várias formas de remover o arsénico da água e podem ser utilizadas novas tecnologias para o fazer. De acordo com a investigação mais recente, os cientistas estão a utilizar nanopartículas de óxido para remover o arsénio. A utilização industrial destas nanopartículas tem sido associada a problemas. De tal forma que estes nano materiais são facilmente suspensos na água e causam entupimento e bloqueio dos filtros. Para resolver este problema, os investigadores enchem as resinas de permuta catiónica com iões de zinco e queimam-nas. Como resultado, obtêm-se bolas de dióxido de zinco, que são muito eficazes na remoção do arsénio.

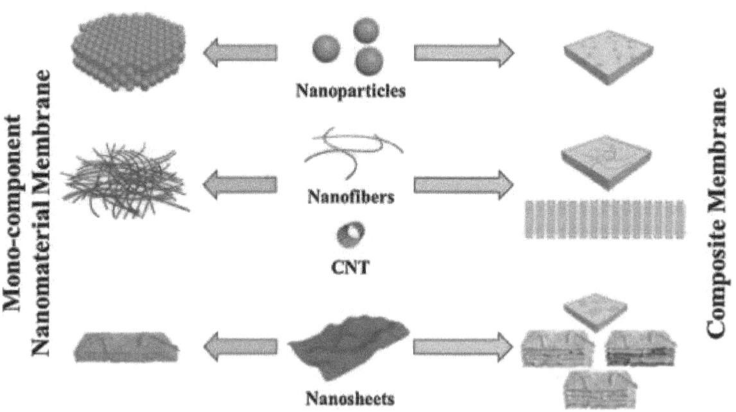

Figura 23. Avanços recentes das membranas à base de nanomateriais para a purificação da água

Aplicação da nano tecnologia na purificação da água e na remoção de cor

Os corantes solúveis na água potável levaram à produção de trihalometanos, que são muito perigosos. Estas substâncias, em combinação com o cloro, provocam a formação de compostos cancerígenos nocivos. As cores observadas na água natural são causadas por ácidos minerais. Estes ácidos são normalmente formados pela decomposição de substâncias orgânicas na água. Os métodos mais comuns de purificação da água não são capazes de remover a cor da água; mas usando nano membranas, estas cores podem ser facilmente separadas da água.

Remoção de metais pesados com nano

As nanopartículas são amplamente utilizadas para oxidar a poluição causada por substâncias orgânicas e também para remover metais pesados da água. Durante a reação, estas nanopartículas actuam como um agente oxidante e produzem água ou dióxido de carbono. De acordo com estudos recentes efectuados por investigadores, as nanopartículas podem ser utilizadas para remover poluentes como bactérias, vírus e substâncias químicas orgânicas perigosas. As nanopartículas são adequadas para a separação de metais pesados e para a limpeza de superfícies contaminadas.

Remoção de nitratos da água com nanotecnologia

A remoção de nitratos da água potável também é muito importante. Com a utilização de nanopartículas de ferro, é possível remover o nitrato da água com elevada eficiência, mas com limitações. Em condições ideais e quando a concentração de nitratos na água se situa entre 50 e 300 mg/litro, a utilização de nanopartículas de ferro pode reduzir a concentração de nitratos para 4 a 5 mg/litro em 3 horas.

Limitações da aplicação da nanotecnologia na purificação da água

A nanotecnologia é um método alternativo muito eficaz para remover uma vasta gama de poluentes de qualquer tipo de fonte de água. Apesar da sua elevada capacidade de remover certos poluentes, os nanomateriais têm uma série de limitações neste domínio. Por exemplo, as nanopartículas de prata são alguns dos tipos mais comuns de nanopartículas que podem ter efeitos nocivos nos organismos aquáticos, incluindo bactérias, algas, invertebrados, peixes e plantas. No entanto, têm sido envidados esforços consideráveis para desenvolver dispositivos que monitorizem as superfícies de nanomateriais artificiais.

Atividade antimicrobiana

De acordo com as Diretrizes para a Qualidade da Água Potável (Organização Mundial de Saúde, 2017), as bactérias patogénicas, os vírus e os parasitas podem causar doenças infecciosas, que são os riscos de saúde mais comuns e generalizados associados à água potável. Os resultados mostraram que a desinfeção da água depende da concentração de bactérias no tempo (cerca de 1 hora) e pode destruir com sucesso as bactérias.

Outro exemplo de atividade antimicrobiana utilizando a nanotecnologia é a investigação que desenvolveu nanopartículas magnéticas revestidas com poli(etileno) glicol (PEG) funcionalizado com (RW) (um péptido antimicrobiano) para atuar como um antimicrobiano. Estas nanopartículas magnéticas são amplamente utilizadas em vários poluentes, incluindo a remoção de metais, a identificação de bactérias, parasitas, vírus ou antibióticos e na separação de poluentes. No entanto, estas nanopartículas magnéticas podem ser funcionalizadas com moléculas que podem interagir com ou destruir bactérias. Os resultados mostraram que a nanopartícula é capaz de desinfetar a água e reduzir significativamente a população bacteriana. Os nanotubos de carbono têm mostrado resultados interessantes quando se avalia a remoção ou mesmo a inativação de bactérias e vírus patogénicos.

Os perigos da utilização da nanotecnologia no tratamento de águas residuais para o ambiente

Embora a nanotecnologia tenha provado ser muito eficaz em vários domínios, melhorando a qualidade ambiental, alguns aspectos devem ser discutidos: se os nanomateriais ou as nanopartículas podem afetar o ambiente e os organismos aquáticos. No entanto, devido aos progressos cada vez maiores da nanotecnologia, não existe informação suficiente sobre os seus efeitos na saúde humana. Outra questão é o facto de os nanomateriais ainda não serem detectáveis no ambiente, o que pode levar a uma série de problemas ambientais que podem ocorrer devido a emissões atmosféricas e a fluxos de resíduos sólidos ou líquidos provenientes de serviços de produção.

Alguns aspectos influenciam o efeito dos nanomateriais no ambiente, como a concentração, a presença de substâncias orgânicas ou inorgânicas, o PH. Além disso, o período de permanência da partícula no ecossistema reflecte-se na sua toxicidade, sendo que quanto mais tempo, mais tóxica é. Dos 151 artigos, 127 estudos (66%) referem que a exposição a uma mistura aumenta a toxicidade em comparação com a exposição a uma única substância. E os restantes estudos mostram uma toxicidade reduzida quando os organismos são expostos a uma mistura de substâncias químicas.

Um papel importante na determinação dos efeitos que os nanomateriais podem ter sobre os organismos vivos é o conhecimento das principais fontes, vias, transformações e sumidouros dos nanomateriais, fornecendo informações sobre áreas como a água, os sedimentos e os organismos vivos que serão prejudicados por essa exposição. Consequentemente, para além do facto de a nanotecnologia poder proporcionar inúmeros avanços no tratamento da água, também pode prejudicar os organismos expostos a nanomateriais e/ou nanopartículas. No entanto, é necessária muita investigação para se chegar a mais conclusões sobre os seus potenciais riscos.

Desafios dos métodos convencionais de purificação da água

O tratamento de águas residuais industriais inclui o seguinte:

- ✓ Flutuante;
- ✓ Absorção da superfície;
- ✓ Precipitação química;
- ✓ Troca de iões;
- ✓ Coagulação e coagulação;
- ✓ Filtração por membrana.

Estas etapas de tratamento de águas residuais são por vezes ineficazes na remoção de certos poluentes, tais como metais pesados, microrganismos e gorduras. O tratamento de águas residuais industriais requer várias etapas sequenciais complexas para cumprir as normas de qualidade da água reutilizável. O processo de destilação é uma forma garantida de remover os contaminantes da água, mas este processo de tratamento é muito dispendioso.

A reciclagem de águas residuais industriais nem sempre requer um processo de tratamento rigoroso, como a destilação. Por exemplo, na indústria do petróleo e do gás, a reciclagem da água não requer uma dessalinização completa se remover completamente certos contaminantes. Nestes casos, apenas um método de purificação direcionado é suficiente. Este método remove apenas alguns contaminantes e produz água de boa qualidade que pode ser reutilizada. Muitas das actuais tecnologias de tratamento de águas residuais têm limitações inerentes.

Por exemplo, a membrana de osmose inversa não pode ser utilizada para reciclar águas residuais que contenham uma elevada concentração de sal. A utilização de adsorventes de superfície está limitada a compostos específicos com grupos e estruturas específicos. A maior parte dos níveis de permuta iónica são específicos para produtos químicos específicos. Ao enfrentar estes desafios, os investigadores criaram muitos processos que podem remover instantaneamente vários poluentes e recuperar compostos valiosos (elementos de terras raras e nutrientes) e energia a partir de águas residuais industriais. No entanto, estas técnicas complexas são muito dispendiosas.

Utilização da nanotecnologia no tratamento de águas residuais

A nanotecnologia tornou-se uma das tecnologias mais exploradas do século XXI. As propriedades únicas dos nanomateriais incluem as seguintes;
- ✓ Elevada relação superfície/volume;
- ✓ Tamanho pequeno;
- ✓ Estrutura organizada;
- ✓ Eficiência na filtragem.

Estas caraterísticas ajudam a remover os metais pesados das águas residuais poluídas. Com base no tipo de nanomateriais, o tratamento de águas residuais divide-se em três grupos principais:
- ❖ Nano catalisadores;
- ❖ Nano absorventes;

❖ Nano membranas.

Nano catalisadores

Este processo de purificação envolve actividades fotocatalíticas, que envolvem a interação da energia da luz com nanopartículas metálicas. A atividade fotocatalítica destrói os microrganismos (bactérias) e a matéria orgânica através da reação com radicais hidroxilo. Os materiais utilizados nos nanocatalisadores são geralmente materiais inorgânicos, como óxidos metálicos e semicondutores.

Nano absorventes

Este método de purificação utiliza nanomateriais orgânicos ou inorgânicos que têm uma elevada afinidade com materiais absorventes. Estes adsorventes de superfície são capazes de remover bem muitos poluentes. O adsorvente ideal é pequeno, tem uma grande área de superfície, um excelente potencial catalítico e uma elevada reatividade. Com base no seu processo de absorção, os nanossorventes são classificados em nanopartículas metálicas, nanopartículas magnéticas, óxidos mistos nanoestruturados e nanopartículas de óxido metálico.

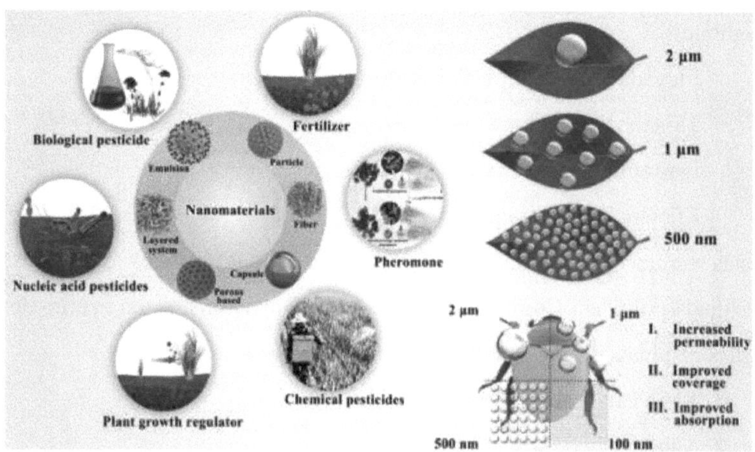

Figura 24. Nanomateriais e nanotecnologia para a distribuição de
agroquímicos

Nano membranas

Neste método de tratamento, as nano membranas podem separar os poluentes das águas residuais. Estes materiais são amplamente utilizados para remover metais pesados, corantes e outros contaminantes. Os nanotubos, as nanofitas e as nanofibras são normalmente utilizados nas nano membranas. As nanopartículas de prata são agentes antimicrobianos que contêm muitos poluentes bacterianos durante o tratamento de águas residuais.

As nanopartículas de prata e o óxido de grafeno desempenham dois papéis: ao inactivarem as células bacterianas, previnem a contaminação biológica e, devido à sua natureza hidrofílica, podem reduzir a fixação microbiana, formando uma forte camada azul. Os nanomateriais que são normalmente utilizados para o tratamento de águas industriais incluem:

✓ **Nanotubos de carbono (CNT):** Os nanotubos de carbono produzem membranas condutoras de eletricidade. O tamanho dos orifícios na camada depende do tipo de polímeros utilizados na reticulação dos nanotubos de carbono. As dimensões dos poros das membranas variam entre 100 nm e menos de nanómetros. Estas nano-membranas são amplamente utilizadas no tratamento biológico de águas residuais industriais e na dessalinização de água salgada industrial;

✓ **Nanopartículas de óxido de grafeno (GO):** As nanopartículas de óxido de grafeno actuam como o processo de transpiração de uma folha de árvore. Ou seja, ao absorver o calor do sol para intensificar a formação de vapor, a água é extraída através da estrutura do óxido de grafeno. Este método é utilizado na dessalinização de água salgada com energia solar;

✓ **Nanopartículas de sílica fluoretada:** As nanopartículas de sílica fluorada produzem um baixo nível de energia que tem uma elevada resistência à gordura. Isto é muito útil no tratamento de águas residuais contendo óleo, na refinação de petróleo e nas indústrias de processamento de alimentos;

✓ **Nanomateriais em camadas:** Os nanomateriais em camadas que contêm grafeno e óxido de grafeno, dissulfureto de molibdénio e MXenes (carbonitretos, carbonetos e nitretos de metais de transição ultrafinos) são amplamente utilizados no tratamento de águas industriais.

Empresas que trabalham no domínio da purificação da água com nanotecnologia

As empresas Carbotecnia e Global Proventus, sediadas no México, oferecem equipamento altamente avançado para a purificação da água utilizando várias técnicas baseadas em nano, como a nanofiltração.

A empresa Heltec produz produtos de purificação de água baseados em nanofiltração, microfiltração, ultrafiltração e electroionização. Os produtos Heltec são exportados para a América, Alemanha, Inglaterra, Canadá e Irlanda, bem como para a América Central e do Sul. A Aquapro fabrica equipamento de filtragem nano e presta serviços como a instalação de equipamento de sistemas de purificação de água.

Os processos de membrana são considerados um componente-chave das tecnologias avançadas de purificação e dessalinização da água, e os nanomateriais, como os nanotubos de carbono, as nanopartículas e os dendrímeros, ajudam a desenvolver processos de purificação da água mais eficientes e económicos. Existem dois tipos de membranas nanotecnológicas, que são

✓ Filtros nanoestruturados em que os nanotubos de carbono ou as matrizes de nanofios constituem a base da nanofiltração;

✓ Membranas nano-reactivas em que as nanopartículas com uma função definida contribuem para o processo de filtração.

Os investigadores observaram também que os avanços na química macromolecular, como a síntese de polímeros dendríticos, proporcionaram oportunidades de aperfeiçoamento, bem como o desenvolvimento de processos de filtração eficazes para tratar a água contaminada com vários solutos orgânicos e aniões inorgânicos.

As aplicações mais importantes da nanotecnologia na purificação da água potável

Remoção do arsénico: O arsénio é uma substância muito tóxica e cancerígena, inodora e insípida. A utilização prolongada de água contaminada com arsénico pode provocar cancros da pele, dos pulmões, dos rins e dos gânglios linfáticos.

De acordo com as normas da Organização Mundial de Saúde, a quantidade permitida de arsénico na água é de 10 mg/litro. Por conseguinte, a remoção desta substância perigosa da água potável é um dos elementos essenciais e, para a sua remoção, podem ser utilizadas as novas tecnologias existentes. A seguir, explicaremos dois exemplos de métodos utilizados para este fim: de acordo com a investigação mais recente, os cientistas utilizaram nanopartículas de óxido de zinco para remover o arsénio da água.

Embora o óxido de zinco não seja capaz de remover o arsénio a granel, as suas nanopartículas demonstraram boas propriedades catalíticas e de absorção. A utilização destas nanopartículas a nível industrial tem sido associada a problemas. De tal forma que estes nanomateriais são facilmente suspensos na água e causam entupimento e obstrução dos filtros. Para resolver este problema, os investigadores encheram resinas de permuta catiónica com iões de zinco e queimaram-nas. Como resultado, obtiveram esferas feitas de dióxido de zinco, que são muito eficazes na remoção do arsénio.

Uma resina de permuta iónica denominada ArsenXnp é fabricada com o objetivo de purificar a água subterrânea, que é constituída por iões de nitrato, perclorato e crómio hexavalente. O ArsenXnp demonstrou uma elevada eficiência na remoção do arsénio da água. Uma das vantagens mais importantes desta resina de permuta iónica é a sua elevada seletividade para os iões de arsénio, que não necessitam de ser lavados.

De facto, este produto é muito fácil de utilizar e tem uma longa vida útil. Ao utilizar esta tecnologia, além de remover o arsénico da água potável, também é possível remover o arsénico da água utilizada na torre de arrefecimento.

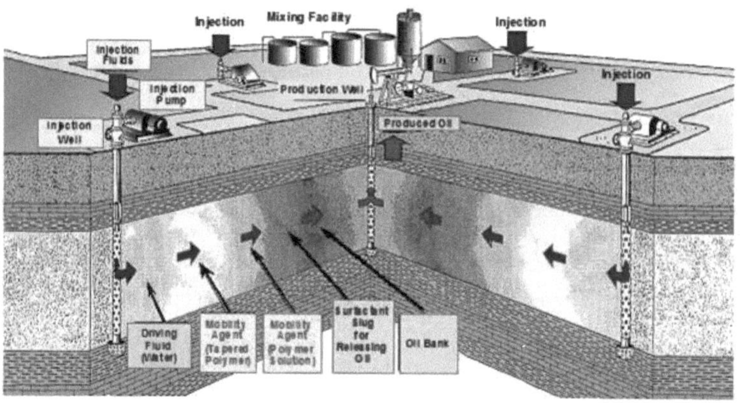

Figura 25. Nanotecnologia na indústria petrolífera

✓   **Nanofiltração:** A nanofiltração é considerada uma das utilizações mais importantes da nanotecnologia, que oferece a possibilidade de filtrar partículas da água a uma escala nano e, consequentemente, pode ser utilizada para purificar grandes volumes de água. No método de nanofiltração, a membrana existente separa os poluentes da água, impedindo a passagem de impurezas. Para atingir este objetivo, é necessário utilizar a força motriz, que pode ser a diferença de temperatura, a diferença de concentração, a diferença de pressão ou a diferença de potencial. Com a utilização de nanofiltros, as substâncias e os solutos necessários ao organismo não são removidos da água, e apenas as substâncias nocivas e tóxicas são removidas da água. Embora uma elevada percentagem de águas subterrâneas e fluviais apresente contaminações que as tornam impróprias para beber e utilizar, estas águas podem ser purificadas e utilizadas através do método de nanofiltração. De acordo com a investigação realizada a este respeito, a utilização de água purificada pelo método de nanofiltração pode prevenir significativamente a propagação de doenças cardiovasculares e mesmo de cancro a longo prazo.

✓　**Remoção de nitratos:** A utilização de nanopartículas de ferro permite a remoção de nitratos da água com elevada eficiência, mas também apresenta limitações. Em condições ideais e quando a concentração de nitrato na água se situa entre 50 e 300 mg/litro, durante 3 horas e utilizando nanopartículas de ferro, a concentração de nitrato pode ser reduzida para 4 a 5 mg/litro. Durante este processo, o PH da água é considerado como um fator determinante na eficácia das nanopartículas de ferro na remoção de nitratos, de modo que durante uma experiência em água com um PH inferior a 4 e durante um período de 3 horas, não se observou qualquer alteração na concentração de nitratos da água. Injetando ácido na água e reduzindo o PH para a gama de 2 a 4, a eficácia do processo aumenta consideravelmente.

✓　**Remoção de metais pesados:** As nanopartículas de TiO_2 são utilizadas para oxidar a poluição causada por substâncias orgânicas e também para remover metais pesados da água. Estas nanopartículas actuam como um agente oxidante durante a reação e produzem água ou dióxido de carbono. De acordo com os estudos recentes dos investigadores, as nanopartículas de TiO_2 podem ser utilizadas para remover poluentes como vírus, bactérias e produtos químicos orgânicos perigosos. As nanopartículas com superfícies adequadas podem ser utilizadas na separação de metais pesados, bem como na limpeza de superfícies contaminadas.

✓ **Remoção de cor:** As cores solúveis na água potável podem ser a fonte de trihalometanos, que são considerados muito perigosos. Estas substâncias em combinação com o cloro causam a formação de clorofórmio e outros compostos cancerígenos nocivos. As cores que são provavelmente observadas em águas naturais são causadas por ácidos minerais. Estes ácidos são normalmente produzidos pela decomposição de substâncias orgânicas na água. A maioria dos métodos comuns de purificação da água não é capaz de remover a cor da água, mas utilizando nano membranas, estas cores podem ser facilmente separadas da água.

✓ **Limitações da nanotecnologia na purificação da água:** A nanotecnologia é um método alternativo muito eficaz para remover uma vasta gama de poluentes de qualquer tipo de fonte de água. Apesar da sua elevada capacidade para remover certos poluentes, os nanomateriais têm certas limitações neste domínio, especialmente se considerarmos a potencial absorção destes materiais na natureza. Por exemplo, as nanopartículas de TiO_2 e de prata, alguns dos tipos de nanopartículas mais utilizados, podem ter efeitos nocivos específicos em organismos aquáticos, incluindo bactérias, algas, invertebrados, peixes e plantas. Para combater os possíveis efeitos adversos associados à utilização de alguns sistemas de tratamento de água com nanopartículas, é essencial que sejam envidados grandes esforços para desenvolver sistemas altamente eficientes capazes de monitorizar os níveis de materiais de nanoengenharia nas fontes de água.

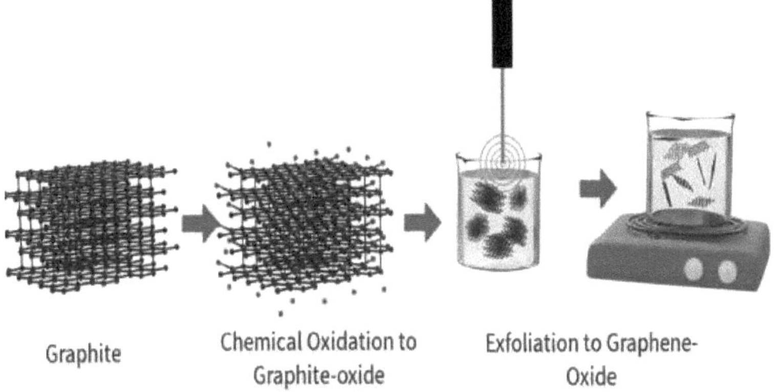

Figura 26. Utilização de nanopartículas na purificação de água

Capítulo IV

O efeito dos nanomateriais no tratamento de águas residuais industriais

A importância do tratamento das águas residuais industriais

A água é um dos componentes vitais do processo de produção industrial e o progresso crescente das indústrias levou a um aumento da poluição da água e à produção de efluentes industriais nocivos. Os efluentes industriais contêm frequentemente elementos pesados (chumbo, níquel, mercúrio, cádmio, arsénio) e pigmentos (orgânicos e inorgânicos), que são as duas principais causas da poluição da água. Inicialmente, os efluentes industriais foram libertados no ambiente, o que levou à distribuição de elementos pesados e poluentes tóxicos no ambiente e, subsequentemente, entraram no ciclo biológico e alimentar.

Por isso, o órgão ambiental considera as indústrias como obrigadas a tratar seus efluentes industriais e sempre tem muito controle sobre a correção de seus processos de tratamento. O importante é que o tratamento de efluentes industriais, além de prevenir a poluição ambiental, ajuda a reduzir o consumo de água nas indústrias e diminui os custos de produção. A importância do tratamento das águas residuais industriais levou ao desenvolvimento e apresentação de vários métodos de tratamento, tais como:

✓ Precipitação;

✓ Filtragem ;

✓ Osmose inversa;

✓ Troca de iões, etc.

Mas estes métodos comuns e tradicionais têm desvantagens como a baixa eficiência, o elevado consumo de energia e a elevada produção de lamas. A existência de tais desvantagens fez com que esses métodos não tivessem a capacidade de tratar completamente os resíduos industriais, e a necessidade de desenvolver melhores métodos com maior eficiência tem sido cada vez maior.

Os métodos mais comuns de tratamento de águas residuais industriais

Devido à presença de sólidos em suspensão e de diferentes substâncias orgânicas e inorgânicas, o tratamento de águas residuais industriais tem de passar por várias etapas e fases importantes para obter um resultado favorável. Para este efeito, o pacote de tratamento de águas residuais industriais é uma coleção de vários métodos e etapas importantes, que podem ser descritos numa categoria geral da seguinte forma:

✓ **Tratamento físico das águas residuais industriais**

A presença de partículas em suspensão nos efluentes industriais leva à formação de depósitos nos equipamentos de depuração e, por este motivo, é necessário considerá-los como o primeiro passo para a sua remoção. A recolha de sólidos em suspensão nas águas residuais é feita de diferentes formas, sendo a mais importante a utilização de colectores de lixo. A instalação de colectores de lixo manuais, colectores de lixo mecânicos e tipos de colectores de lixo de rede dupla, de acordo com o tipo de partículas suspensas nas águas residuais no caminho da sua passagem, evita que estas entrem em vários equipamentos, tais como bombas. É de notar que neste método de tratamento de águas residuais industriais, apenas as partículas sólidas de grandes dimensões podem ser removidas e não tem qualquer efeito sobre as substâncias orgânicas e inorgânicas, bactérias e microorganismos. Para além disso, com a ajuda de equipamento como um classificador, a granulação e a remoção de areia em suspensão nas águas residuais pode ser feita até 95% melhor.

✓ **Tratamento químico de águas residuais industriais**

Um dos principais métodos de tratamento químico das águas residuais consiste em injetar produtos químicos nas águas residuais e separar os poluentes das mesmas. Entre estes casos, podemos mencionar a utilização de dispositivos de desengorduramento de águas residuais. Para remover as partículas coloidais das águas residuais, é necessário ajudar estas partículas a coagular, utilizando diferentes equipamentos como o desengordurante DAF, o desengordurante API e o desengordurante CPI. As partículas de gordura após coagulação são transferidas para a superfície das águas residuais e podem ser recolhidas. É utilizado um escumador de óleo para recolher estas partículas. Além disso, através da injeção de diferentes produtos químicos, é possível ajustar o PH das águas residuais, o que terá um grande impacto na qualidade das águas residuais. Entre os outros equipamentos utilizados para o tratamento químico das águas residuais, podemos mencionar os tipos de clarificadores, que realizam o processo de mistura de materiais coagulantes e águas residuais a uma velocidade elevada e facilitam a sua sedimentação. É de salientar que o método de recolha e coagulação das partículas nas águas residuais é diferente consoante o seu tipo, e para alguns tipos de águas residuais, podem ser mencionados os pacotes de floculantes. A base deste pacote assenta na injeção de polielectrólito ou poliacrilamida e, de acordo com o tipo de material e pó utilizado, divide-se em diferentes tipos de floculantes catiónicos e aniónicos.

✓ **Tratamento biológico de águas residuais químicas**

Um dos métodos mais importantes de tratamento de águas residuais industriais é o tratamento biológico. A presença de bactérias e microrganismos nos efluentes químicos é uma das maiores ameaças aos lençóis freáticos subterrâneos e à saúde do homem e da natureza. Para este efeito, é necessário remover estas bactérias com diferentes métodos, sendo que as soluções e equipamentos mais importantes e comuns necessários neste domínio são:

✓ **Métodos aeróbios de tratamento de águas residuais industriais**

Como se depreende do nome deste grupo de métodos de tratamento de águas residuais industriais, o oxigénio do ar é utilizado para remover as bactérias neste método. Para este efeito, com a ajuda de equipamentos como o arejador de superfície flutuante, o arejador de profundidade e o arejador de superfície fixa, o ar é injetado nas águas residuais. A purificação com a ajuda do método das lamas activadas é um dos métodos aeróbicos mais comuns de tratamento de águas residuais.

✓ **Tratamento de águas residuais com o método CPF**

Uma das caraterísticas mais importantes e principais deste método é a utilização de múltiplos equipamentos de arejamento, a fim de injetar ar nas lamas e proporcionar melhores condições para o crescimento de bactérias e microrganismos aeróbicos. Neste método, uma grande parte das lamas sedimentadas entra no tanque especial e o arejamento é efectuado com maior intensidade.

✓ **Refinação com SBR**

A fim de reduzir os custos económicos nas estações de tratamento onde o subproduto é baixo, as secções de sedimentação e de arejamento são combinadas e o processo de tratamento é feito sob o nome de SBR. Este método consiste, de facto, em vários ciclos que são realizados em determinadas alturas do dia ou, por exemplo, neste método, primeiro são atribuídas cerca de 3 horas para encher a fonte e 2 horas para o arejamento com equipamento diferente. Finalmente, após o tratamento, meia hora é considerada para a sedimentação das substâncias poluentes e do tónus, e meia hora é também considerada para a descarga dos efluentes tratados. O arejamento neste método é feito com a ajuda de difusores e arejadores de jato.

✓ **Tratamento de águas residuais industriais com MBR**

Outros métodos biológicos e aeróbicos para o tratamento de águas residuais incluem o MBR. As etapas de trabalho neste método são muito semelhantes aos métodos de lamas activadas e a única diferença entre eles é a não utilização de tanques de sedimentação. De facto, neste método, a separação dos grumos é feita com a ajuda de filtros especiais. As membranas e filtros considerados para este trabalho são capazes de separar partículas de 0,1 a 0,4 micrómetros das águas residuais tratadas. É claro que se deve notar que este método requer um custo económico elevado e que as membranas utilizadas são caras. Para além disso, os operadores deste método necessitam de grande habilidade e conhecimento, e por esta razão, este método não é muito utilizado.

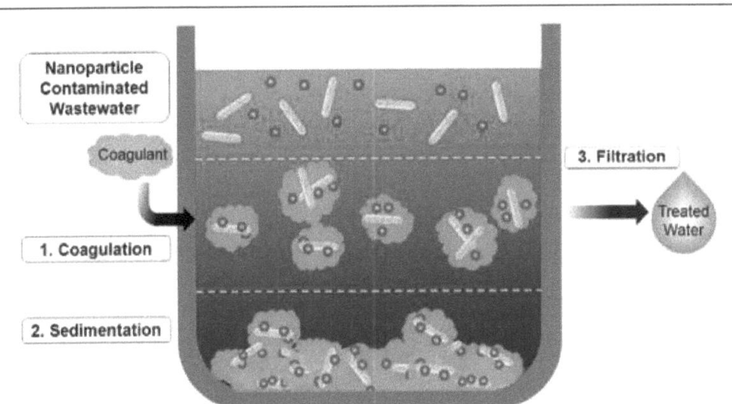

Figura 27. Remoção de nanopartículas por coagulação

Métodos anaeróbios de tratamento de águas residuais industriais

Um dos principais equipamentos utilizados para o tratamento de águas residuais industriais com a ajuda de métodos não aeróbicos é o pacote de tratamento de águas residuais UASB. Neste método, as águas residuais passam através das camadas de lamas granulares e, após a reação entre as substâncias orgânicas presentes nas águas residuais e os microrganismos da camada de lamas, são finalmente produzidos biogases.

Estes gases são removidos da parte superior do tanque e, como resultado, os poluentes orgânicos serão largamente removidos das águas residuais. Este sistema é também conhecido como manta de lamas activadas anaeróbias com fluxo ascendente e é muito utilizado em fábricas e indústrias alimentares e no tratamento de águas residuais têxteis. Um ponto muito importante em todos os métodos de tratamento de águas residuais industriais é o facto de os poluentes se depositarem no fundo do tanque ou da piscina após a injeção de produtos químicos ou a aplicação de métodos biológicos.

Estes materiais são recolhidos para evitar a formação de grandes camadas de lamas no fundo da piscina através de uma ponte de sedimentação ou de uma ponte de remoção de lamas, de uma ponte rotativa de remoção de lamas e de uma meia ponte de sedimentação e de uma ponte recíproca de remoção de lamas. É de notar que a utilização de cada um destes modelos de ponte de sedimentação depende da forma geral e do aspeto da piscina, bem como do tipo de poluentes e da sua quantidade.

Conceção e produção de um pacote de tratamento de águas residuais industriais

O Grupo Industrial Haft, como uma das mais antigas equipas de fabrico de equipamento de tratamento de água e de águas residuais, tem sido bem sucedido na conceção, produção e fabrico de pacotes de tratamento de águas residuais industriais ao longo dos anos. Este pacote é um conjunto completo de métodos de purificação físicos, químicos e biológicos que serão amplamente utilizados em ambientes industriais.

Desenvolvimento de novos processos de purificação com nano tecnologia

O aparecimento da nanotecnologia provocou um grande salto em vários processos e técnicas nas indústrias, e os processos de refinação não foram exceção. A nanotecnologia ajudou a otimizar métodos de purificação conhecidos, que inicialmente não eram desejáveis, e a transformá-los em novas técnicas.

Os dois processos de fotocatálise e adsorção estão entre as técnicas que foram optimizadas e desenvolvidas com recurso à nanotecnologia para tratar águas residuais industriais com elevada eficiência e baixo custo. Por exemplo, em 1972, um investigador chamado Fujishima realizou uma experiência cujo objetivo era obter hidrogénio através da decomposição fotocatalítica da água, tendo para o efeito utilizado óxido de titânio (micrómetro) como catalisador. Os resultados das experiências de Fujishima mostraram que o método fotocatalítico pode ser desenvolvido como um método de alta eficiência, um processo de curto prazo e livre de criar poluição secundária para o tratamento de águas residuais industriais. Os investigadores chegaram à conclusão de que, em vez de utilizar catalisadores micrométricos, podem ser utilizadas nanopartículas catalíticas neste processo e que estas podem ser utilizadas para remover poluentes não minerais com elevada eficiência.

Utilização simultânea de nano bolhas e nanotubos de óxido de titânio para melhorar a eficiência do método foto catalisador no tratamento de águas residuais industriais

O método de adsorção é outra técnica que foi proposta para remover metais pesados de águas residuais industriais. Inicialmente, o carvão ativado foi utilizado como absorvente neste método e, apesar da eficiência favorável que este método mostrou, o elevado custo associado à preparação do carvão ativado impediu que este método fosse promovido na indústria.

Com o avanço da nanotecnologia, verificou-se que as nanopartículas com caraterísticas semelhantes às do carvão ativado podem ser substituídas como material absorvente neste processo e o seu custo pode ser significativamente reduzido. Como resultado, o método de adsorção utilizando nano adsorventes foi novamente desenvolvido e foi proposto como um método ótimo no tratamento de águas residuais de metais pesados com elevada eficiência.

Nano óxido de zinco no tratamento de águas residuais

Devido à sua elevada área de superfície específica, às suas propriedades ópticas únicas e ao seu baixo preço (em comparação com as nanopartículas de óxido de titânio), as nanopartículas de óxido de zinco tornaram-se um adsorvente e um catalisador ideal com elevada eficiência para o tratamento de águas residuais industriais. A razão para a elevada eficiência das nanopartículas de óxido de zinco reside no facto de estas nanopartículas, devido às suas caraterísticas favoráveis, poderem atuar simultaneamente através de dois processos de fotocatálise e absorção e remover elementos pesados e poluentes orgânicos (pigmentos inorgânicos, fenol) das águas residuais industriais.

O nano-óxido de zinco é um forte absorvente de ondas ultravioleta. Do ponto de vista fotocatalítico, quando este material é injetado nas águas residuais e é exposto à luz solar (ou ondas UV), absorve as ondas ultravioletas da luz solar, o que leva à excitação dos electrões da banda de valência e à sua transferência para a banda de condução no óxido. Como resultado deste processo, os electrões excitados são libertados da superfície das nanopartículas de óxido de zinco. Em seguida, os electrões libertados interagem com moléculas de água e levam à formação de compostos fortemente reactivos baseados no elemento oxigénio ou ROS. Estes compostos fortemente reactivos atacam as moléculas orgânicas poluentes e, como resultado, estas moléculas decompõem-se em compostos não tóxicos.

Desta forma, os poluentes não minerais presentes nas águas residuais industriais são removidos com a ajuda do óxido de nano-zinco e durante o processo de foto-catálise, e as águas residuais são purificadas. Por outro lado, a elevada área de superfície específica do nano-óxido de zinco (presença de sítios activos na superfície das nanopartículas) e a presença de nanofuros na superfície das suas partículas provocaram a absorção de metais pesados, tanto de forma química como física, por este nano-material.

Quando o nano-óxido de zinco é colocado nas águas residuais, os catiões de metais pesados ficam presos nas cavidades da superfície das nanopartículas (adsorção física) e são removidos das águas residuais. A presença de sítios activos na superfície das nanopartículas de óxido de zinco contribui para a absorção química de catiões de metais pesados na superfície das partículas e para a separação de elementos pesados dos resíduos industriais.

Até à data, foram efectuados muitos estudos sobre o tratamento de águas residuais utilizando nanopartículas de óxido de zinco. Os resultados obtidos nestes estudos mostram que, quando se utiliza 0,1 gramas de nano óxido de zinco em 30 ml de águas residuais, a eficiência de remoção do chumbo e do cádmio através do processo de absorção (química e física) é de 92% e 99%. Noutra investigação, em que as nanopartículas de óxido de zinco foram produzidas pelo método hidrotérmico, verificou-se que a eficiência das nanopartículas na remoção dos metais pesados cobre, prata e chumbo através de dois processos de foto catalisador e absorção é superior a 85%. Além disso, devido à sua elevada estabilidade química e térmica, o nano-óxido de zinco pode ser recuperado e reutilizado em processos de purificação, o que também ajuda a reduzir os custos de purificação da água.

A análise dos resultados dos estudos mostra que o nano óxido de zinco é uma opção ideal para o tratamento de efluentes industriais no país, que, além de alta eficiência, tem um custo baixo em relação a outros adsorventes.

É igualmente claro que o método de produção do nano-óxido de zinco tem um grande impacto no seu desempenho na remoção de poluentes das águas residuais e, dependendo do método de produção, a eficiência do nano-óxido de zinco no tratamento da água varia. Tem uma estrutura porosa e uma superfície específica elevada, e estas caraterísticas não só reforçam o seu desempenho no tratamento de águas residuais industriais, como também reduzem o seu consumo no processo de tratamento em comparação com amostras semelhantes.

Atualmente, a falta de água faz-se sentir em várias utilizações, como a potável, a industrial e a agrícola, e a necessidade de consumo de água duplicará, de acordo com as previsões feitas nos próximos 25 anos. Uma das formas de satisfazer a necessidade de consumo de água é utilizar as águas residuais e purificá-las e, neste sentido, pode ser utilizada a nanotecnologia. Atualmente, a nanotecnologia tem amplas aplicações em vários domínios, incluindo a engenharia ambiental e a ciência da água.

Uma das aplicações mais importantes da nanotecnologia neste domínio é a utilização de nanofiltros e nanopartículas para o tratamento de águas residuais e o amaciamento da água. Além disso, os efeitos ambientais dos metais e substâncias nocivas extraídos no tratamento de águas residuais foram reduzidos com a utilização desta tecnologia.

Aplicação de nano adsorventes em sistemas de água e de águas residuais

A água desempenha um papel importante no desenvolvimento das comunidades urbanas, mas atualmente o acesso a recursos hídricos de qualidade enfrenta desafios. Por outro lado, a procura de água para fins urbanos, agrícolas e industriais está a aumentar. Por conseguinte, é importante prestar atenção às novas tecnologias de tratamento da água e das águas residuais, e um desses métodos é a utilização de nanomateriais.

A nanotecnologia proporcionou uma perspetiva clara para o desenvolvimento de sistemas de abastecimento de água de nova geração com elevado desempenho, tratamento adequado da água e redução dos poluentes das águas residuais.

Nos últimos anos, as aplicações da nanotecnologia na indústria como catalisadores, medicina e produtos farmacêuticos, medição de gases, biologia, ambiente e tratamento de águas e águas residuais registaram progressos significativos. A utilização de nanopartículas, devido à sua elevada área de superfície específica e à sua elevada absorção e seletividade, tem muitas vantagens no tratamento de águas e nos sistemas de águas residuais industriais, e estes nanomateriais podem remover eficazmente poluentes orgânicos, aniões inorgânicos, bactérias e metais pesados de soluções aquosas e de águas residuais.

A eficiência do tratamento da água com nanopartículas depende diretamente da eficiência da nanopartícula. Por conseguinte, ao utilizar nanopartículas adequadas, é possível conceber um sistema eficiente. Os poluentes são absorvidos nas superfícies activas dos nano adsorventes, o que é um fenómeno de superfície e é realizado por forças físicas, por vezes, ligações químicas fracas no processo de absorção, que depende de vários factores como a temperatura, a pressão, as caraterísticas do adsorvente e do adsorvido, a presença simultânea de outros poluentes depende das condições de funcionamento como o PH, a concentração de poluentes, o tempo de contacto e a dimensão das partículas.

Os nanomateriais utilizados nos sistemas de tratamento de água e de águas residuais incluem: Nano-adsorventes à base de carbono, tais como nanotubos de carbono, nanopartículas à base de metais, nanopartículas de polímeros e zeólitos, que têm um elevado potencial de absorção devido à sua elevada superfície ativa, e a quantidade de adsorvente em comparação com as atracções comuns é reduzida. Assim, é possível utilizar equipamentos mais pequenos nos sistemas de tratamento de águas residuais.

Requisitos especiais para o tratamento de águas residuais industriais

A complexidade das águas residuais industriais, que podem conter uma combinação de contaminantes químicos, biológicos e físicos, exige normas de tratamento rigorosas adaptadas a processos industriais específicos. Estes requisitos são:

✓ **Limites específicos para poluentes:** As normas são frequentemente específicas para cada poluente e visam poluentes como os compostos orgânicos voláteis, os metais pesados e os sólidos em suspensão. Estas normas são estabelecidas com base na potencial toxicidade, persistência e bioacumulação dos poluentes;

✓ **Requisitos tecnológicos:** Os regulamentos podem especificar a adoção de tecnologias de tratamento avançadas ou das melhores técnicas disponíveis (MTD) para minimizar os impactos ambientais;

✓ **Licenciamento e conformidade:** As instalações industriais são normalmente obrigadas a obter licenças que detalham os requisitos de tratamento, monitorização e obrigações;

✓ **Receber o relatório:** A conformidade com estas licenças é regularmente analisada pelas agências reguladoras.

Efeitos ambientais do tratamento de águas residuais

Os sistemas de tratamento de águas residuais industriais, embora necessários, têm efeitos ambientais inerentes:

✓ **Consumo de energia:** Estes sistemas podem consumir muita energia, especialmente em processos que requerem tecnologias de purificação avançadas, como a osmose inversa ou a desinfeção por UV;

✓ **Poluentes secundários:** Os processos de tratamento podem produzir poluentes secundários, tais como subprodutos de desinfeção (DBPs) ou fluxos de resíduos concentrados (salmoura de processos de dessalinização) que exigem uma gestão adicional;

✓ **Eliminação das lamas:** O tratamento das águas residuais produz lamas que devem ser tratadas e eliminadas de modo a evitar a poluição ambiental. Cada um destes efeitos ambientais pode ser minimizado através da utilização de métodos modernos de tratamento de águas residuais industriais, que são explicados nos métodos seguintes.

Métodos avançados no tratamento de águas residuais industriais

As tecnologias emergentes no tratamento de águas residuais centram-se na eficiência, sustentabilidade e minimização dos impactos ambientais secundários. Alguns dos métodos mais promissores incluem:

✓ **Tecnologia de nano bolhas:** Uma abordagem inovadora ao tratamento e purificação da água que utiliza bolhas de gás muito pequenas, normalmente com menos de 200 nm. Invisíveis a olho nu, estas bolhas oferecem propriedades únicas que podem melhorar significativamente vários processos no tratamento da água devido ao seu tamanho e à grande relação superfície/volume;

✓ **Tecnologias de membranas:** As inovações na tecnologia de membranas, como a osmose direta e a destilação por membranas, oferecem um menor consumo de energia em comparação com a osmose inversa convencional, porque funcionam em condições mais severas, removendo eficazmente os sólidos dissolvidos.

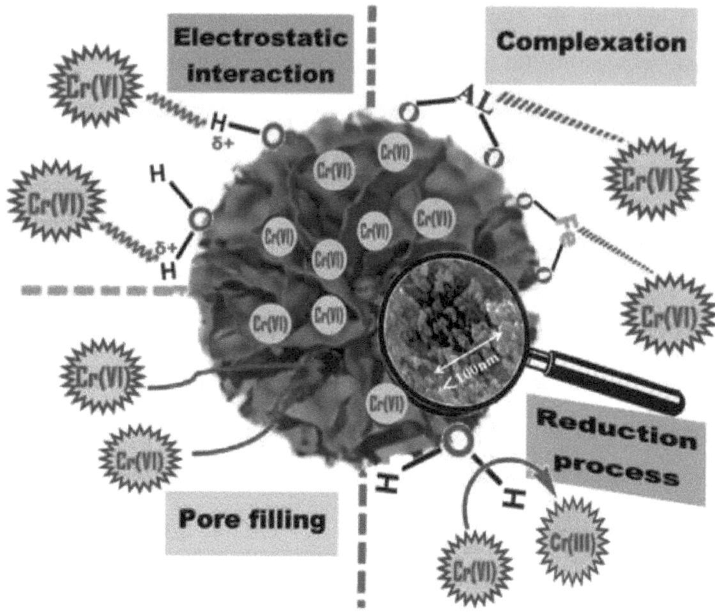

Figura 28. Nanopartículas feitas de resíduos industriais removem poluentes da água

Processos de oxidação avançados (POA) Os POA mais recentes, incluindo a oxidação eletroquímica, as reacções sonoquímicas e os processos fotocatalíticos avançados, são eficazes na degradação de poluentes orgânicos persistentes e de agentes patogénicos. Estes processos produzem radicais altamente reactivos em condições ambientais que podem converter os poluentes orgânicos em dióxido de carbono e água.

✓ **Sistemas bioelectroquímicos:** Estes sistemas utilizam tecnologias electroquímicas microbianas para tratar as águas residuais, recuperando simultaneamente energia sob a forma de eletricidade ou de produtos químicos valiosos, como o hidrogénio, o que pode reduzir significativamente a pegada energética do tratamento das águas residuais;

✓ **Tecnologias de recuperação de nutrientes:** Técnicas como a precipitação de estruvite e a digestão anaeróbia são cada vez mais utilizadas não só para tratar as águas residuais, mas também para recuperar nutrientes como o fósforo e o azoto, que podem ser reutilizados como fertilizantes e ajudam na recuperação de recursos e na sustentabilidade;

✓ **Sistemas híbridos:** A combinação de processos de tratamento biológico e químico, como a integração de zonas húmidas construídas com sistemas mecânicos tradicionais, pode aumentar a eficiência e a sustentabilidade do tratamento. Estes sistemas híbridos podem proporcionar benefícios adicionais, como a criação de habitats e melhorias estéticas.

Purificação da água com a ajuda de nanopartículas

As nanopartículas de lantânio absorvem o fosfato do meio aquático. A utilização destas nanopartículas em lagos e piscinas pode eliminar eficazmente o fosfato existente, impedindo assim o crescimento de algas. Além disso, as nanopartículas de ferro provocam a oxidação e a decomposição dos compostos poluentes, transformando-os em compostos de carbono com um grau de toxicidade muito baixo. O arsénio é um poluente muito tóxico que polui naturalmente a água com resíduos humanos. O consumo desta substância aumenta a prevalência de cancro da bexiga e do intestino. As estatísticas de envenenamento por arsénico são muito elevadas no mundo e, em muitos países em desenvolvimento, onde mais de 10-20% da população está infetada com envenenamento por arsénico, tal acontecimento é considerado uma catástrofe sanitária.

A maior parte da poluição causada pelo arsénio foi registada em países do terceiro mundo e, por esta razão, estes países necessitam urgentemente de novas tecnologias para remover poluentes de metais pesados, como o arsénio, da água potável.

Nos novos métodos, as nanopartículas magnéticas de óxido de ferro são utilizadas como o núcleo dos sistemas de purificação de água. As superfícies minerais de ferro não só têm uma forte tendência para absorver o arsénio, como também, escolhendo o tamanho adequado, estas partículas magnéticas podem ser facilmente separadas da água com a ajuda de métodos de separação magnética. De facto, as nanopartículas actuam como a massa de ferro na absorção do arsénico.

As nanopartículas magnéticas de óxido de ferro retêm até 99% do arsénio na água e depois removem-no da água através da aplicação de um campo magnético. De facto, não só a capacidade de absorção do arsénio nas nanopartículas é maior, como também, logo que o arsénio é colocado junto das nanopartículas, será difícil separá-lo destas partículas.

De acordo com os resultados obtidos nos inquéritos e investigações realizados neste domínio, pode dizer-se que as nanopartículas magnéticas são muito boas absorventes de poluentes de arsénio, especialmente em águas ácidas, e a propriedade de absorção irreversível destas partículas é um reservatório adequado para a recolha de poluentes.

De um modo geral, podem referir-se os seguintes aspectos

✓ Remoção de arsénio com nanopartículas de cério;

✓ Remoção de arsénio com nanopartículas de óxido de ferro;

✓ Remoção de crómio com nanopartículas de ferro;

✓ Remoção de cobre, cobalto e níquel com nanopartículas de ferro;

✓ Remoção de compostos orgânicos com nanopartículas de ferro;

✓ Remoção de poluentes com nanopartículas de ferro no local;

✓ Redução de nitratos com nanopartículas bimetálicas de paládio-cobre;

✓ Desinfeção da água com nanopartículas de prata;

✓ Uma linha vermelha para a propagação de poluentes biológicos.

As nanopartículas magnéticas de óxido de ferro retêm até 99% do arsénico na água e depois removem-no da água através da aplicação de um campo magnético.

Uma linha vermelha para a propagação de poluentes biológicos

Revelar a poluição e os poluentes na água é um objetivo que exige a utilização de novas tecnologias para o alcançar no processo de purificação da água. Atualmente, os sensores desempenham um papel importante na determinação da temperatura, das substâncias solúveis em água, na identificação de agentes patogénicos e de metais pesados.

Embora existam vários sensores para detetar poluição e materiais contaminados, a nanotecnologia permite a criação de novas gerações de sensores de elevado desempenho que detectam poluentes em baixas quantidades e concentrações. Com o advento da nanotecnologia, a sensibilidade dos sensores foi melhorada e a velocidade encontrou um desempenho superior.

A ideia de que um nanossensor pode detetar a presença de uma partícula viral com uma velocidade incrível antes de o vírus se replicar e de aparecerem os sintomas da doença pode não ter sido possível antes do advento desta tecnologia, mas agora os nanossensores provocaram uma grande revolução na identificação dos poluentes da água. As caraterísticas dos nano sensores são as seguintes Podem detetar rapidamente substâncias estranhas e vírus, são pequenos, portáteis, têm uma resposta rápida em pequenas quantidades, são fiáveis, precisos, resistentes e fortes.

Tratamento de águas residuais

Os investigadores estão a tentar desenvolver um método único de tratamento de águas residuais que melhorará significativamente a qualidade da água em comparação com os métodos atualmente utilizados, sem a utilização de produtos químicos dispendiosos. A fase final do tratamento da água é a remoção de organismos microscópicos. Atualmente, o cloro é utilizado como desinfetante. Mas, neste caso, mesmo após a purificação, haverá muitos compostos orgânicos na água. O cloro remove os microorganismos da água. Mas reage com poluentes orgânicos e produz subprodutos não degradáveis e tóxicos que não podem ser removidos da água. A transferência destes materiais para o ambiente e a sua utilização na agricultura e noutras indústrias pode causar problemas de saúde perigosos.

O tratamento de águas residuais com a ajuda do nanofotocatalisador pode substituir a terceira fase do tratamento, que é a desinfeção com cloro, para remover organismos vivos e compostos orgânicos ao mesmo tempo e transformar as águas residuais numa fonte de água adequada.

O tratamento de águas residuais com a ajuda do nanofotocatalisador pode substituir a terceira fase do tratamento, que é a desinfeção com cloro, para remover organismos vivos e compostos orgânicos ao mesmo tempo e transformar as águas residuais numa fonte de água adequada. Naturalmente, os minúsculos organismos vivos convertem grandes compostos orgânicos em partículas mais pequenas. Mas como estes compostos não são biodegradáveis, temos de utilizar energia para os decompor. Esta energia é fornecida pelos raios ultravioleta do sol e é utilizada em conjunto com os fotocatalisadores.

A energia libertada pela reação da célula foto catalisadora pode destruir microorganismos e decompor compostos não biodegradáveis. Este processo é economicamente viável devido à possibilidade de reutilização dos fotocatalisadores. As partículas catalíticas são dispersas homogeneamente na solução ou depositadas como estruturas de membrana que permitem a decomposição química dos poluentes.

O efeito da adição de vários metais para melhorar a atividade catalítica é conhecido e os cientistas utilizaram-no na remoção do tricloroetileno (TCE) das águas subterrâneas. A investigação do Centro de Nanotecnologia Ambiental (CBEN) da Universidade de Rice mostra que as nanopartículas de ouro e paládio são catalisadores muito eficazes na remoção da contaminação por TCE da água.

As vantagens da remoção do TCE com paládio são bem conhecidas, mas este método é algo dispendioso. Ao utilizar a nanotecnologia, o número de átomos em contacto com as moléculas de TCE pode aumentar várias vezes a eficiência deste catalisador em comparação com os catalisadores comuns. O TCE é um solvente comum utilizado no desengorduramento de metais e componentes electrónicos, uma das substâncias orgânicas tóxicas mais comuns nas fontes de água e está presente em 60% dos resíduos industriais como poluente. O seu contacto com o corpo provoca lesões no fígado e cancro.

Os catalisadores químicos funcionam muito mais rapidamente do que os catalisadores biológicos, mas são muito caros. Uma das vantagens dos catalisadores de paládio para a degradação do TCE é que o paládio converte diretamente esta substância em etano não tóxico. Enquanto os catalisadores comuns, como o ferro, o convertem em alguns intermediários tóxicos, como o cloreto de vinilo.

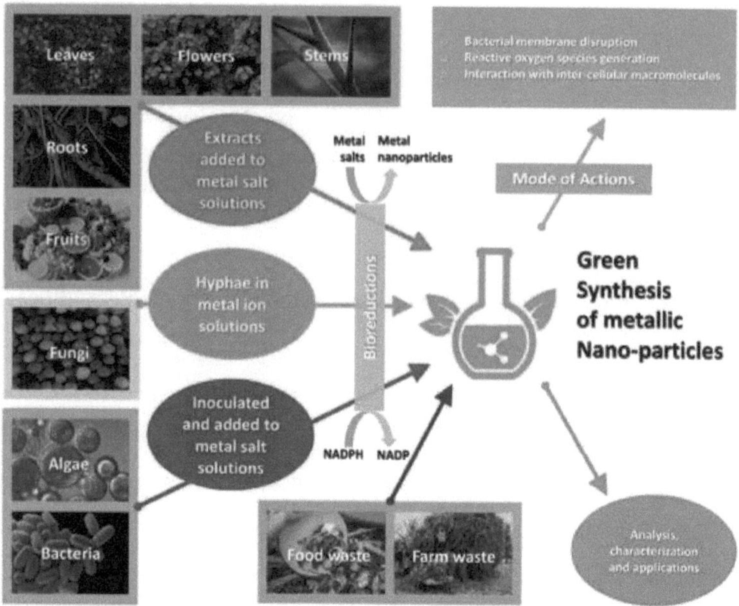

Figura 29. Vários nanomateriais verdes utilizados no tratamento de águas residuais e solos

Adoçantes feitos de membrana nanométrica

Os investigadores conseguiram fazer uma mistura de nanotubos de carbono, com a ajuda da qual a separação de gás e líquido será possível com o menor custo. Atualmente, a maioria das membranas é feita de materiais poliméricos, que causam problemas a altas temperaturas. Neste tipo de membranas, não é possível estabelecer um equilíbrio adequado entre a entrada da membrana e a sua seletividade.

A utilização de nanotubos de carbono permite uma seletividade adequada em entradas elevadas. As novas membranas com poros mais pequenos e mais densos, bem como a possibilidade de passagem de uma elevada intensidade de fluxo através de cada cavidade, são muito mais eficazes em termos de permeabilidade à água e ao ar do que outras membranas e têm muitas aplicações na purificação da água. O método de separação por membranas é utilizado na dessalinização da água.

Neste método, a água salgada quente é vertida sobre uma fina folha de membrana com minúsculos orifícios chamados nano-orifícios. Estes orifícios são tão pequenos que só o vapor pode passar através deles e a água, o líquido, os sais e outros minerais permanecem atrás da membrana. Do outro lado da membrana, existem câmaras de água fria através das quais o vapor se transforma novamente em líquido.

Purificação da água com a ajuda de nanopartículas

As nanopartículas de lantânio absorvem o fosfato de ambientes aquosos. A utilização destas nanopartículas em lagos e piscinas pode eliminar eficazmente o fosfato existente, impedindo assim o crescimento de algas. Os nanopós também podem ser utilizados como materiais adequados para a limpeza de solos e águas subterrâneas contaminados. Além disso, as nanopartículas de ferro provocam a oxidação e a decomposição de compostos poluentes, transformando-os em compostos de carbono com um grau de toxicidade muito baixo. O arsénico é um poluente muito tóxico que causa naturalmente a poluição da água com resíduos humanos.

O consumo desta substância aumenta a prevalência de cancro da bexiga e do intestino. As estatísticas de envenenamento por arsénico são muito elevadas no mundo e, em muitos países em desenvolvimento, onde mais de 10-20% da população está infetada com envenenamento por arsénico, tal acontecimento é considerado uma catástrofe sanitária. A maior parte da poluição causada pelo arsénico foi registada em países do terceiro mundo e, por esta razão, estes países necessitam urgentemente de novas tecnologias para remover os poluentes de metais pesados, como o arsénico, da água potável. Nos novos métodos, os nanocristais magnéticos são utilizados como o núcleo dos sistemas de purificação da água.

As superfícies minerais de ferro não só têm uma forte tendência para absorver o arsénio. Ao contrário, escolhendo o tamanho adequado, estas partículas magnéticas podem ser facilmente separadas da água com a ajuda de métodos de separação magnética. De facto, as nanopartículas agem como a massa de ferro na absorção do arsénio. De facto, não só a capacidade de absorção do arsénio nas nanopartículas é maior, como também, logo que o arsénio é colocado junto das nanopartículas, será difícil separá-lo destas partículas.

De acordo com os resultados obtidos nos inquéritos e investigações realizados neste domínio, pode dizer-se que as nanopartículas magnéticas são muito boas absorventes de poluentes de arsénio, especialmente em águas ácidas, e a propriedade de absorção irreversível destas partículas é um reservatório adequado para a recolha de poluentes.

Tratamento de águas residuais

Os investigadores estão a tentar desenvolver um método único de tratamento de águas residuais que melhorará significativamente a qualidade da água em comparação com os métodos atualmente utilizados, sem a utilização de produtos químicos dispendiosos. A última fase da purificação da água é a remoção de organismos vivos muito pequenos. Atualmente, o cloro é utilizado como desinfetante. Mas, neste caso, mesmo após a purificação, haverá muitos compostos orgânicos na água.

O cloro remove os microorganismos da água. Mas reage com poluentes orgânicos e produz subprodutos não degradáveis e tóxicos que não podem ser removidos da água. A transferência destes materiais para o ambiente e a sua utilização na agricultura e noutras indústrias pode causar problemas de saúde perigosos.

O tratamento de águas residuais com a ajuda do nanofotocatalisador pode substituir a terceira fase do tratamento, que é a desinfeção com cloro, para remover organismos vivos e compostos orgânicos ao mesmo tempo e transformar as águas residuais numa fonte de água adequada. Naturalmente, os minúsculos organismos vivos convertem grandes compostos orgânicos em partículas mais pequenas. Mas como estes compostos não são biodegradáveis, temos de utilizar energia para os decompor. Esta energia é fornecida pelos raios ultravioleta do sol e é utilizada em conjunto com os fotocatalisadores.

A energia libertada pela reação da célula foto catalisadora pode destruir microorganismos e decompor compostos não biodegradáveis. Este processo é economicamente viável devido à possibilidade de reutilização dos fotocatalisadores. As partículas catalíticas são dispersas homogeneamente na solução ou depositadas como estruturas de membrana que permitem a decomposição química dos poluentes. Tendo em conta as aplicações e capacidades da nanotecnologia na indústria da água e das águas residuais, muitas empresas utilizam esta tecnologia no tratamento da água e das águas residuais e, por esta razão, a utilização de produtos e produções baseados na nanotecnologia aumentou atualmente. Estes produtos incluem frequentemente nano filtros e sensores que são utilizados para detetar substâncias e partículas na água.

Tratamento de águas residuais industriais

Os efluentes industriais das indústrias de detergentes contêm oxigénio bioquímico e substâncias químicas activas, que devem ser separadas da água em processos de purificação. Uma das outras substâncias encontradas nos efluentes industriais são as substâncias insolúveis em óleo. A presença destas substâncias dificulta o processo de purificação da água.

Um dos métodos económicos para purificar estas substâncias é a utilização de sistemas combinados que contêm microfiltros e nanofiltros.

Neste sistema, os microfiltros são utilizados para remover as partículas em suspensão, como óleos e gorduras, e os nanofiltros são utilizados para remover os produtos de limpeza.

Purificação rápida dos produtos químicos presentes nas águas residuais com a ajuda de nanocatalisadores

Investigadores suíços desenvolveram uma iniciativa que permite separar fácil e eficazmente dos resíduos os micro poluentes e os micro plásticos, que são difíceis de separar dos esgotos e dos efluentes. As pequenas partículas poluentes têm um efeito muito negativo nos nossos recursos hídricos e a sua remoção do ciclo da água exige recursos e conhecimentos técnicos elevados.

Recentemente, investigadores da Universidade EHT de Zurique desenvolveram uma abordagem que permite a remoção eficiente destas substâncias problemáticas. A purificação rápida dos produtos químicos que permanecem nas águas residuais com a ajuda de nano catalisadores é um novo método e uma nova abordagem dos investigadores deste projeto. É de salientar que parte deste micro-poluente são os microplásticos. Na nossa vida quotidiana, todos nós utilizamos muitos produtos químicos e produtos, incluindo cosméticos, medicamentos, pílulas anticoncepcionais, fertilizantes e detergentes, que ajudam a tornar a nossa vida mais fácil.

No entanto, a utilização desses produtos tem um impacto negativo no ambiente, porque nas actuais estações de tratamento de águas, os micro poluentes e os micro plásticos não podem ser completamente separados das águas residuais em muitos casos. Acabam por entrar no ambiente e afectam a vida dos animais e das plantas.

As nanopartículas ajudam a destruir!

Agora, investigadores do Instituto de Robótica e Sistemas Inteligentes da ETH Zurique desenvolveram uma abordagem subtil que poderá permitir que estes materiais sejam facilmente decompostos e destruídos. Utilizando nanopartículas multi-férricas, conseguiram induzir a decomposição de produtos químicos em águas residuais e poluídas. Neste caso, as nanopartículas não estão diretamente envolvidas na reação química, mas apenas actuam como catalisadores, aumentando a taxa de conversão dos resíduos em compostos inofensivos. "Salvador Pané", que desempenhou um papel fundamental nesta investigação, explica: "As nanopartículas são utilizadas como catalisadores em reacções químicas em muitas indústrias. Agora conseguimos demonstrar que também podem ser úteis para o tratamento de esgotos e efluentes. "

Redução de 80%.

Para as suas experiências, os investigadores utilizaram soluções aquosas contendo vestígios de cinco medicamentos comuns. Estes testes confirmaram que as nanopartículas podem reduzir a concentração destas substâncias na água em pelo menos 80%. Fajar Mushtaq, estudante de doutoramento deste grupo, sublinha a importância destes resultados: "Estas substâncias incluem dois compostos que são baseados no ozono e que também não podem ser removidos.

"Surpreendentemente, podemos determinar com precisão o rendimento do catalisador e das nanopartículas utilizando campos magnéticos", diz Xiang Zhongchen, outro membro que contribuiu para o projeto. Estas partículas têm núcleos de ferrite de cobalto que estão rodeados por uma ferrite de bismuto em forma de concha. Se for aplicado um campo magnético a partir de uma fonte magnética alternada externa, algumas partículas ficarão carregadas negativamente e outras ficarão carregadas positivamente. Estas cargas levam à formação de espécies activas e reactivas de oxigénio na água, que podem decompor os poluentes orgânicos e transformá-los em compostos inofensivos. As nanopartículas magnéticas são então facilmente removidas da água usando um campo magnético, continua Chen.

Resposta positiva do sector

Os investigadores acreditam que esta abordagem é promissora e, citando o facto de a implementação técnica deste método ser muito mais fácil do que o método de tratamento de águas residuais baseado no ozono, continuam a afirmar que a indústria de resíduos está muito interessada nas nossas descobertas. No entanto, será necessário algum tempo para que este método seja utilizado na prática, uma vez que até agora só foi investigado à escala laboratorial. De qualquer forma, diz Mushtaq: O orçamento já foi aprovado para um projeto BRIDGE que vai ser implementado conjuntamente pela Fundação Nacional Suíça e pelo Instituto. Este projeto é financiado com o objetivo de apoiar a transferência deste método para aplicações práticas.

Nano tecnologia para o tratamento de águas industriais

A nanotecnologia é uma das mais recentes tecnologias de purificação de água na indústria, considerada um método muito eficiente e económico. A nanotecnologia ou nanotecnologia inclui várias abordagens e processos de utilização de materiais a uma escala atómica ou molecular. Os processos de purificação da água baseados na nanotecnologia são muito mais eficientes e económicos em comparação com os métodos convencionais e modulares de purificação da água.

Entre as principais aplicações da nanotecnologia nos processos de purificação da água, podemos mencionar as nanopartículas de prata, cobre e ferro de valência zero (ZVI), os fotocatalisadores nanoestruturados, as nanomembranas e os nanoabsorventes. A grande relação superfície/volume das nanopartículas aumenta a absorção de partículas químicas e biológicas e, ao mesmo tempo, permite a separação de poluentes em concentrações muito baixas. De facto, os nanoabsorventes têm propriedades químicas e físicas especiais para remover os poluentes metálicos da água.

Os nanotubos de carbono (CNT) são um dos nano materiais importantes utilizados na purificação da água. Os sistemas de filtragem baseados em CNT podem remover compostos orgânicos, inorgânicos e biológicos da água.

Tecnologia de nanotubos acústicos no tratamento de águas industriais

A mais recente tecnologia de purificação de água do Centro Espacial Johnson da NASA é a tecnologia de nanotubos acústicos. A tecnologia de nanotubos acústicos foi inventada por cientistas do Centro Espacial Johnson da NASA. A acústica é utilizada em vez da pressão para direcionar a água através de tubos de carbono de pequeno diâmetro.

Esta nova tecnologia de purificação da água baseia-se numa tela molecular guiada por som, integrada com nanotubos de carbono que permitem a passagem das moléculas de água e, ao mesmo tempo, bloqueiam as moléculas maiores e os poluentes, impedindo-os de passar. Esta tecnologia consome menos energia do que os sistemas de filtragem tradicionais e, em vez de remover os poluentes da água, remove efetivamente a água dos poluentes. Além disso, esta tecnologia elimina a necessidade de lavar o sistema de filtragem.

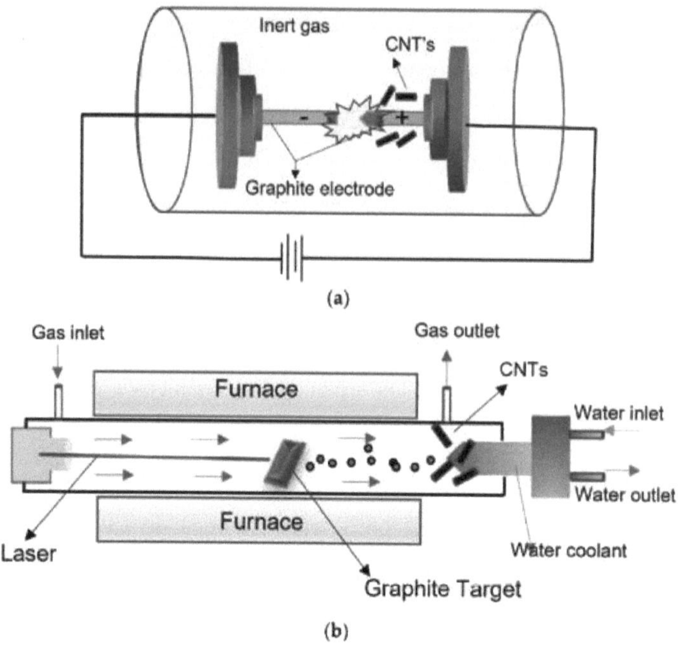

Figura 30. Membranas de nanocompósitos de grafeno

As principais aplicações da tecnologia de nano tubos sonoros são adequadas para centrais eléctricas de água urbanas, instalações médicas, laboratórios, destilarias, instalações de dessalinização, instalações industriais, estações de tratamento de águas residuais e para o sector do consumo. Este novo método de purificação de água industrial é escalável de acordo com as necessidades de filtração dos consumidores.

Tecnologia de purificação de água com foto-catalisador

Outra destas novas tecnologias é a tecnologia de purificação de água fotocatalítica desenvolvida pela Panasonic. Nos últimos anos, a purificação da água utilizando fotocatalisador tornou-se famosa devido à sua eficiência na purificação da água poluída. Neste método de purificação de água industrial, o foto catalisador e os raios UV são utilizados para remover substâncias tóxicas da água.

A Panasonic desenvolveu uma tecnologia que liga o fotocatalisador (dióxido de titânio) a um adsorvente catalítico comercial chamado zeólito e assegura a separação e recuperação eficazes de fotocatalisadores da água para reutilização. Esta substância (dióxido de titânio) pode converter uma vasta gama de compostos orgânicos em produtos finais seguros. O catalisador desta tecnologia utiliza os raios ultravioleta, a luz solar ou a luz artificial para separar os materiais. De facto, a fotocatálise pode decompor uma vasta gama de substâncias orgânicas, estrogénios, pesticidas, corantes, petróleo bruto e micróbios, como vírus e agentes patogénicos resistentes ao cloro, bem como compostos inorgânicos, como óxidos de azoto. Os sistemas fotocatalíticos de purificação de água são adequados para utilização em instalações de água e esgotos e podem purificar efluentes industriais contaminados com substâncias orgânicas ou metais.

Aquaporin Inside tecnologia de purificação de água

A tecnologia de purificação de água com a arquitetura única da aquaporina permite a rápida transferência de água através da membrana celular. A tecnologia Aquaporin Inside da empresa dinamarquesa Aquaporin clean technology baseia-se na conceção de uma membrana bio-memética de purificação da água.

As aquaporinas permitem o transporte rápido e seletivo de água através da membrana celular. As aquaporinas permitem que a célula ajuste o seu volume e a sua pressão osmótica interna de acordo com a diferença entre as pressões hidrostática e osmótica. A estrutura separada das aquaporinas permite a passagem de moléculas de água e bloqueia todos os outros compostos, impedindo a sua passagem. As membranas biomiméticas servem também de base para o desenvolvimento de sistemas de membranas biomiméticas sintéticas. Esta nova tecnologia é utilizada em sistemas de purificação de águas industriais e domésticas.

As membranas Aquaporin Inside são as únicas membranas no mercado que utilizam aquaporinas para a purificação de água potável. Estes tipos de membranas estão disponíveis para aplicações de osmose direta (FO) e osmose inversa (RO).

Tecnologia de filtragem variável automática (AVF)

As mais recentes tecnologias de purificação de água dos sistemas de filtração variável automática (AVF) podem ser utilizadas em instalações de tratamento de água potável e de águas residuais municipais. A tecnologia de filtração variável automática envolve um processo simples que limpa o filtro numa entrada a montante com um fluxo de meios a jusante, eliminando a necessidade de quaisquer processos adicionais ou de água fresca para limpeza.

O novo método de tratamento de águas industriais da AVF utiliza filtros de leito descendente que são continuamente limpos e instalados numa fila variável. A configuração em duas fases deste sistema integra dois conjuntos de filtros de meios que podem funcionar em série ou em paralelo. Esta tecnologia permite o tratamento da água com uma qualidade equivalente à qualidade da tecnologia de filtração e a um custo inferior ao das membranas de baixa pressão. Esta tecnologia não tem partes móveis e consome menos energia e poupa nos custos de funcionamento e manutenção.

Os sistemas AVF são adequados para o tratamento de água potável e de águas residuais municipais, reciclagem e reutilização de águas residuais, pré-filtração para processos de membrana e aplicações de dessalinização.

O custo dos novos métodos de tratamento de águas industriais

Um dos principais custos destes processos é a especialização profissional. Porque os sistemas eficientes de tratamento de água industrial devem ser supervisionados ou operados por profissionais formados. Os engenheiros especializados nos actuais sistemas de tratamento de água são certamente muito procurados, mas tentar manter na lista pessoas credíveis e únicas é muitas vezes dispendioso.

Outro custo deste processo é o equipamento complexo necessário para o tratamento de águas industriais do século XXI. Tecnologias científicas avançadas, controladas por sistemas informáticos avançados, estão associadas a infra-estruturas de filtragem sofisticadas. Isto torna todo o processo - desde o espaço e a instalação até à monitorização e interação com as agências reguladoras - um processo multifacetado dispendioso que requer conhecimentos profundos e altamente especializados.

Soluções económicas para o tratamento de águas industriais

Num período económico difícil, não é fácil para as indústrias resolverem sozinhas todos os problemas da água industrial. Consequentemente, a externalização de tarefas especializadas, tais como projectos de sistemas de tratamento ou planeamento de sistemas de tratamento e gestão de águas industriais, é muito popular.

De facto, hoje em dia, muitas empresas poupam dinheiro e tempo ao celebrarem contratos com empresas de serviços de tratamento de águas industriais. Os especialistas neste domínio com conhecimentos, competências, formação, crédito e equipamento adequado podem fazer tudo, desde o tratamento móvel de emergência da água e a recuperação de produtos químicos industriais na água até à reparação do equipamento.

Estes profissionais podem monitorizar o condicionamento da água para reciclagem, podem efetuar testes à água e podem também ajudar as empresas que necessitam de água muito pura. Por conseguinte, a externalização destas tarefas pode evitar que as empresas invistam em infra-estruturas dispendiosas e ajudá-las a gerir os custos. Ou que as empresas possam consultar especialistas e peritos sobre os processos. Assim, enquanto o valor e a necessidade vital do tratamento de água industrial aumentam, as soluções económicas para enfrentar este importante desafio também são criadas por especialistas.

Referências

Abdel-Fatah M.A. Sistemas de nanofiltração e aplicações no tratamento de águas residuais: Artigo de revisão. *Ain Shams Eng. J.* 2018;9:3077-3092.

Abdi J., Abedini H. Esferas de nanocompósitos poliméricos à base de MOF como adsorvente eficiente para o tratamento de águas residuais em sistemas descontínuos e contínuos: Modelação e experiência. *Chem. Eng. J.* 2020;400:125862.

Abramenko N.B., Demidova T.B., Abkhalimov V., Ershov B.G., Krysanov E.Y., Kustov L.M. Ecotoxicidade de nanopartículas de prata de diferentes formas: Caso dos embriões de peixe-zebra. *J. Hazard. Mater.* 2018;347:89-94.

resíduos agrícolas para a síntese de nanocompósitos de hidrogel à base de amido: Nanoadsorvente eficiente e seletivo para a remoção de corantes catiónicos da água. *Bioresour. Technol.* 2020;313:123661.

Ahamed M., Alhadlaq H., Khan M.A.M., Karuppiah P., Al-Dhabi N.A. Síntese, Caracterização e Atividade Antimicrobiana de Nanopartículas de Óxido de Cobre. *J. Nanomater.* 2014;2014:1-4.

Alaba P.A., Oladoja N.A., Sani Y.M., Ayodele O.B., Mohammed I.Y., Olupinla S.F., Daud W.M.W. Insight into wastewater decontamination using polymeric adsorbents. *J. Environ. Chem. Eng.* 2018;6:1651-1672.

Albukhari S.M., Ismail M., Akhtar K., Danish E.Y. Catalytic reduction of nitrophenols and dyes using silver nanoparticles @ cellulose polymer paper for the resolution of waste water treatment challenges. *Coll. Surf. A Physicochem. Eng. Asp.* 2019;577:548-561.

Ali M.E., Hoque M.E., Hossain S.K.S., Biswas M.C. Nanoadsorbents for wastewater treatment: Solução biotecnológica da próxima geração. *Int. J. Environ. Sci. Technol.* 2020;17:4095-4132.

Amano F., Nogami K., Abe R., Ohtani B. Preparação e Caracterização de Partículas de Flocos-Bola Policristalinos de Tungstato de Bismuto para Reacções Fotocatalíticas. *J. Phys. Chem. C.* 2008;112:9320-9326.

Anand A., Rajchakit U., Sarojini V. *Nanomaterials for the Detection and Removal of Wastewater Pollutants.* Elsevier; Amesterdão, Países Baixos: 2020. Deteção e remoção de contaminantes biológicos na água; pp. 69-110.

Arshadi M., Soleymanzadeh M., Salvacion J., SalimiVahid F. Ferro Zero-Valente à escala nanométrica (NZVI) suportado em resíduos de sineguelas para remoção de Pb(II) de uma solução aquosa: Cinética, termodinâmica e mecanismo. *J. Coll. Interface Sci.* 2014;426:241-251.

Atar N., Eren T., Yola M.L., Wang S. Um nanosensor de ressonância plasmónica de superfície com impressão molecular sensível para a determinação selectiva de vestígios de triclosan em águas residuais. *Sens. Actuators B Chem.* 2015;216:638-644.

Bai L., Wei M., Hong E., Shan D., Liu L., Yang W., Tang X., Wang B. Estudo sobre a síntese controlada do nanofotocatalisador Zr/TiO$_2$/SBA-15 e o seu desempenho fotocatalítico para o corante industrial reativo vermelho X-3B. *Mater. Chem. Phys.* 2020;246:122825.

Benfer S., Popp U., Richter H., Siewert C., Tomandl G. Desenvolvimento e caraterização de membranas de nanofiltração de cerâmica. *Sep. Purif. Technol.* 2001;22:231-237.

Berber M.R. Current Advances of Polymer Composites for Water Treatment and Desalination (Avanços actuais dos compósitos poliméricos para tratamento e dessalinização de água). *J. Chem.* 2020;2020:1-19.

Bethi B., Sonawane S.H., Bhanvase B.A., Gumfekar S.P. Nanomaterials-based advanced oxidation processes for wastewater treatment: A review. *Chem. Eng. Process. Process. Intensif.* 2016;109:178-189.

Bhattacharyya S., Bennett J., Short L.C., Theisen T.S., Wichman M.D., White J.C., Wright S. Nanotechnology in the Water Industry, Part 1: Occurrence and Risks (Ocorrência e Riscos). *J. Am. Water Work. Assoc.* 2017;109:30-37.

Bowen W., Mukhtar H. Characterisation and prediction of separation performance of nanofiltration membranes (Caracterização e previsão do desempenho de separação de membranas de nanofiltração). *J. Membr. Sci.* 1996;112:263-274.

Charcosset C. *Membrane Processes in Biotechnology and Pharmaceutics (Processos de membrana em biotecnologia e farmácia).* Elsevier; Amesterdão, Países Baixos: 2012. Algumas perspectivas; pp. 295-321.

Chen B., Chen S., Zhao H., Liu Y., Long F., Pan X. Um nanoadsorvente magnético bi-funcionalizado versátil de β-ciclodextrina e polietilenoimina para a captura simultânea de alaranjado de metilo e Pb(II) de águas residuais complexas. *Chemosphere.* 2019;216:605-616.

Cimbaluk G.V., Ramsdorf W.A., Perussolo M.C., Santos H.K.F., Da Silva De Assis H.C., Schnitzler M.C., Schnitzler D.C., Carneiro P.G., Cestari M.M. Evaluation of mul-tiwalled carbon nanotubes toxicity in two fish species. *Ecotoxicol. Ecotoxicol. Saf.* 2018;150:215-223.

Colmenares J.C., Luque R., Campelo J.M., Colmenares F., Karpiński Z., Romero A.A. Nanostructured Photocatalysts and Their Applications in the Photocatalytic Transformation of Lignocellulosic Biomass: Uma visão geral. *Materials.* 2009;2:2228-2258.

D.D. Revisão e perspectivas sobre a utilização de nanofotocatalisadores magnéticos (MNPCs) no tratamento de águas. *Chem. Eng. J.* 2017;310:407-427.

Das R., Leo B.F., Murphy F. The Toxic Truth About Carbon Nanotubes in Water Purification (A verdade tóxica dos nanotubos de carbono na purificação da água): Uma visão em perspetiva. *Nanoscale Res. Lett.* 2018;13:1-10. doi: 10.1186/s11671-018-2589-z.

Das S., Ranjana N., Misra A.J., Suar M., Mishra A., Tamhankar A.J., Lundborg C.S., Tripathy S.K. Desinfeção dos agentes patogénicos da água Escherichia coli e Staphylococcus aureus por fotocatálise solar utilizando nanopartículas Ag@ZnO reutilizáveis sintetizadas sonoquimicamente. *Int. J. Environ. Res. Saúde Pública.* 2017;14:747.

De Matteis V., Rinaldi R. *Toxicologia celular e molecular de nanopartículas.* Springer; Cham, Suíça: 2018. Avaliação da toxicidade na era das nanopartículas; pp. 1-19.

Drisko J.A. Terapia de quelação. In: Rakel D., editor. *Medicina Integrativa.* 4a ed.; Elsevier; Amsterdão, Países Baixos: 2018. Elsevier; Amesterdão, Países Baixos: 2018. pp. 1004-1015.e3.

Durán N., Marcato P.D., Alves O.L., Souza G.I.H.D., Esposito E. Mechanistic aspects of biosynthesis of silver nanoparticles by several Fusarium oxysporum strains. *J. Nanobiotechnol.* 2005;3:8.

Edwards-Jones V. Os benefícios da prata na higiene, cuidados pessoais e cuidados de saúde. *Lett. Appl. Microbiol.* 2009;49:147-152.

Elmi F., Alinezhad H., Moulana Z., Salehian F., Tavakkoli S.M., Asgharpour F., Fallah H., Elmi M.M. A utilização da atividade antibacteriana das nanopartículas de ZnO no tratamento de águas residuais municipais. *Ciência da Água. Technol.* 2014;70:763-770.

Esmaeili A., Saremnia B. Síntese e caraterização de nanopartículas de zeólito NaA da casca de Hordeum vulgare L. para a separação de hidrocarbonetos totais de petróleo por um processo de adsorção. *J. Taiwan Inst. Chem. Eng.* 2016;61:276-286.

Farahi R.H., Passian A., Tetard L., Thundat T. Critical Issues in Sensor Science to Aid Food and Water Safety (Questões Críticas na Ciência dos Sensores para Ajudar a Segurança Alimentar e da Água). *ACS Nano.* 2012;6:4548-4556.

Graboski A.M., Martinazzo J., Ballen S.C., Steffens J., Steffens C. *Nanotechnology in the Beverage Industry.* Elsevier; Amesterdão, Países Baixos: 2020. Nanosensores para o controlo da qualidade da água; pp. 115-128.

Gugushe A.S., Mpupaa A., Nomngongoabc P.N. Extração em fase sólida magnética assistida por ultra-sons de chumbo e tálio em amostras ambientais complexas utilizando nanotubos de carbono de paredes múltiplas magnéticos/nanocompósito de zeólito. *Microchem. J.* 2019;149:103960.

Guidetti G., Giuri D., Zanna N., Calvaresi M., Montalti M., Tomasini C. Hidrogéis Biocompatíveis e Penetrantes de Luz para Descontaminação de Água. *ACS Omega.* 2018;3:8122-8128.

Gul S., Khan S.A., Rehan Z.A., Akhtar K., Khan M.A., Khan M.I., Rashid M.I., Asiri A.M., Khan S.B. Antibacterial CuO-PES-CA nancomposite membranes supported Cu0 nanoparticles for water permeability and reduction of organic pollutants. *J. Mater. Sci. Mater. Electron.* 2019;30:10835-10847.

Han Y., Xu Z., Gao C. Ultrathin Graphene Nanofiltration Membrane for Water Purification. *Adv. Funct. Mater.* 2013;23:3693-3700.

He X., Yang D.P., Zhang X., Liu M., Kang Z., Lin C., Jia N., Luque R. Nanocompósitos de CuO-ZnO com membrana de casca de ovo com propriedades de adsorção, catálise e antibacterianas melhoradas para purificação de água. *Chem. Eng. J.* 2019;369:621-633.

Herrmann J.-M. Fotocatálise heterogénea: Fundamentos e aplicações para a remoção de vários tipos de poluentes aquosos. *Catal. Today.* 1999;53:115-129.

Hot J., Topalov J., Ringot E., Bertron A. Investigação sobre os parâmetros que afectam a eficácia dos revestimentos funcionais fotocatalíticos para degradar o NO: Quantidade de TiO_2 na superfície, iluminação e rugosidade do substrato. *Int. J. Photoenergy.* 2017;2017:1-14.

Hu R., Tang R., Xu J., Lu F. Nanosensores químicos baseados em polímeros com impressão molecular dopados com nanopartículas de prata para a deteção rápida de cafeína em águas residuais. *Anal. Chim. Ata.* 2018;1034:176-183.

Ivanova E.P., Hasan J., Webb H.K., Vervinskas G., Juodkazis S., Truong V.K., Wu A.H., Lamb R.N., Baulin V.A., Watson G.S., et al. Bactericidal activity of black silicon. *Nat. Commun.* 2013;4:2838.

Jethave G., Fegade U., Attarde S., Ingle S. Síntese fácil de nanopartículas de óxido de zinco-alumínio dopadas com chumbo (LD-ZAO-NPs) para adsorção eficiente de corante aniónico: Comportamentos cinético, isotérmico e termodinâmico. *J. Ind. Eng. Chem.* 2017;53:294-306.

Jin S.-E., Jin J.E., Hwang W., Hong S.W. Photocatalytic antibacterial application of zinc oxide nanoparticles and self-assembled networks under dual UV irradiation for enhanced disinfection. *Int. J. Nanomed.* 2019;14:1737-1751.

Karimi H., Rajabi H.R., Kavoshi L. Aplicação de nanofotocatalisadores magnéticos decorados para a fotodegradação eficaz de corantes orgânicos: Um estudo comparativo da atividade fotocatalítica do sulfureto de zinco magnético e dos pontos quânticos de grafeno. *J. Photochem. Photobiol. A Chem.* 2020;397:112534.

Khan M.S., Qureshi N.A., Jabeen F. Avaliação da toxicidade em peixes de água doce Labeo rohita tratados com nanopartículas de prata. *Appl. Nanosci.* 2017;7:167-179.

Kim E., Kim S.-H., Kim H.-C., Lee S.G., Lee S.J., Jeong S.W. Inibição do crescimento de plantas aquáticas causada por nanopartículas de prata e de óxido de titânio. *Toxicol. Environ. Health Sci.* 2011;3:1-6.

Kokkinos P., Mantzavinos D., Venieri D. Current trends in the application of nanomaterials for the removal of emerging micropollutants and pathogens from water. *Molecules.* 2020;25:2016.

Koyuncu I., Sengur R., Turken T., Guclu S., Pasaoglu M. *Advances in Membrane Technologies for Water Treatment.* Woodhead Publishing; Oxford, Reino Unido: 2015. Advances in water treatment by microfiltration, ultrafiltration, and nanofiltration; pp. 83-128.

Kurbanoglu S., Ozkan S.A. Nanosensores electroquímicos à base de carbono: Uma ferramenta promissora na análise farmacêutica e biomédica. *J. Pharm. Biomed. Anal.* 2018;147:439-457.

Li Q., Mahendra S., Lyon D.Y., Brunet L., Liga M.V., Li D., Alvarez P.J. Antimicrobial nanomaterials for water disinfection and microbial control: Potenciais aplicações e implicações. *Water Res.* 2008;42:4591-4602.

Liu X., Wang M., Zhang S., Pan B. Potencial de aplicação dos nanotubos de carbono no tratamento de águas: A review. *J. Environ. Sci.* 2013;25:1263-1280.

Liu Y., Zeng G., Zhong H., Wang Z., Liu Z., Cheng M., Liu G., Yang X., Liu S. Efeito da solubilização de ramnolípidos na biodisponibilidade do hexadecano: Aumento ou redução? *J. Hazard. Mater.* 2017;322:394-401.

Mahmoudian-Boroujerd L., Karimi-Jashni A., Hosseini S.N., Paryan M. Otimização da degradação de rDNA em águas residuais de instalações de produção de vacinas recombinantes contra a hepatite B utilizando nanofotocatalisadores de $TiO_{(2)}$ dopados com Ag e excitados com luz visível. *Process. Saf. Environ. Prot.* 2019;122:328-338.

Malakootian M., Nasiri A., Asadipour A., Faraji M., Kargar E. Um método fácil e ecológico para a síntese de $ZnFe_2O_4$@CMC como um novo nanofotocatalisador magnético para a remoção de ciprofloxacina de meios aquosos. *MethodsX.* 2019;6:1575-1580.

Malato S., Blanco J., Vidal A., Richter C. Photocatalysis with solar energy at a pilot-plant scale: Uma visão geral. *Appl. Catal. B Environ.* 2002;37:1-15.

Mao N. Filtros de tecido não tecido. Em: Kellie G., editor. *Avanços em não-tecidos técnicos.* Woodhead Publishing; Cambridge, Reino Unido: 2016. pp. 273-310.

Margan P., Haghighi M. Síntese por sono-coprecipitação e caraterização físico-química do nanofotocatalisador CdO-ZnO para a remoção do ácido laranja 7 das águas residuais. *Ultrason. Sonochem.* 2018;40:323-332.

Margeta K., Zabukovec N., Šiljeg M., Farkas A. *Water Treatment.* InTech; Rijeka, Croácia: 2013. Zeólitos naturais no tratamento de água - quão eficaz é o seu uso.

Mauter M.S., Zucker I., Perreault F., Werber J.R., Kim J.H., Elimelech M. The role of nanotechnology in tackling global water challenges. *Nat. Sustain.* 2018;1:166-175

Mazhar M.A., Khan N.A., Ahmed S., Khan A.H., Hussain A., Changani F., Yousefi M., Ahmadi S., Vambol V. Chlorination disinfection by-products in mu-nicipal drinking water-A review. *J. Clean. Prod.* 2020;273:123159.

McLain A.A. *Propriedades fotocatalíticas de nanocompósitos de óxido de zinco e grafeno*. Projeto de Conhecimento Público; Vancouver, BC, EUA: 2019. Propriedades fotocatalíticas de nanocompósitos de óxido de zinco e grafeno.

Mehrjouei M., Müller S., Möller D. A review on photocatalytic ozonation used for the treatment of water and wastewater. *Chem. Eng. J.* 2015;263:209-219.

Mohseni-Bandpi A., Al-Musawi T.J., Ghahramani E., Zarrabi M., Mohebi S., Vahed S.A. Melhoria da capacidade de adsorção de zeólito para cefalexina por revestimento com nanopartículas magnéticas de Fe_3O_4. *J. Mol. Liq.* 2016;218:615-624.

Montgomery M.A., Elimelech M. Water And Sanitation in Developing Countries: Including Health in the Equation. *Environ. Sci. Technol.* 2007;41:17-24.

Mostafavi S., Mehrnia M., Rashidi A. Preparação de nanofiltros a partir de nanotubos de carbono para aplicação na remoção de vírus da água. *Desalination.* 2009;238:271-280.

Moustafa M.T. Remoção de bactérias patogénicas de águas residuais utilizando nanopartículas de prata sintetizadas por duas espécies de fungos. *Water Sci.* 2017;31:164-176.

Mulyanti R., Susanto H. Wastewater treatment by nanofiltration membranes (Tratamento de águas residuais por membranas de nanofiltração). *IOP Conf. Ser. Terra Environ. Sci.* 2018;142

Mustapha S., Ndamitso M.M., Abdulkareem A.S., Tijani J.O., Shuaib D.T., Ajala A.O., Mohammed A.K. Aplicação de nanopartículas de

TiO$_2$ e ZnO imobilizadas em argila no tratamento de águas residuais: Uma revisão. *Appl. Ciência da Água.* 2020;10:49.

Nagy E. *Basic Equations of Mass Transport Through a Membrane Layer (Equações básicas de transporte de massa através de uma camada de membrana).* Elsevier; Amesterdão, Países Baixos: 2019. Nanofiltração; pp. 417-428.

Nair R.R., Wu H.A., Jayaram P.N., Grigorieva I.V., Geim A.K. Unimpeded Permeation of Water Through Helium-Leak-Tight Graphene-Based Membranes. *Science.* 2012;335:442-444.

Nassar M.Y., Abdelrahman E.A., Aly A.A., Mohamed T.Y. Uma síntese fácil de nanoestruturas de zeólito mordenita para um branqueamento eficaz do óleo de soja bruto e remoção do corante azul de metileno de meios aquosos. *J. Mol. Liq.* 2017;248:302-313.

Nithya Priya V., Rajkumar M., Mobika J., Linto Sibi S.P. Nanocompósitos de hidróxido duplo em camadas revestidos com alginato/óxido de grafeno reduzido para remoção de As (V) tóxico de águas residuais. *Phys. E Low-Dimens. Syst. Nanostruct.* 2021;127:114527.

Noroozi R., Al-Musawi T.J., Kazemian H., Kalhori E.M., Zarrabi M. Removal of cyanide using surface-modified Linde Type-A zeolite nanoparticles as an efficient and eco-friendly material. *J. Water Process. Eng.* 2018;21:44-51.

Nyankson E., Adjasoo J., Efavi J.K., Amedalor R., Yaya A., Manu G.P., Asare K., Amartey N.A. Characterization and Evaluation of Zeolite A/Fe$_3$O$_4$ Nanocomposite as a Potential Adsorbent for Removal of Organic Molecules from Wastewater. *J. Chem.* 2019;2019:1-13.

Pan Y., Liu X., Zhang W., Liu Z., Zeng G., Shao B., Liang Q., He Q., Yuan X., Huang D., et al. Avanços na fotocatálise com base no fulereno C60 e seus derivados: Propriedades, mecanismo, síntese e aplicações. *Appl. Catal. B Environ.* 2020;265:118579.

Pandey P.K., Sharma S.K., Sambi S.S. Removal of lead(II) from waste water on zeolite-NaX. *J. Environ. Chem. Eng.* 2015;3:2604-2610.

Pardhi V.P., Verma T., Flora S., Chandasana H., Shukla R. Nanocrystals: Uma visão geral do fabrico, caraterização e aplicações terapêuticas na administração de medicamentos. *Curr. Pharm. Des.* 2019;24:5129-5146.

Parham H., Bates S., Xia Y., Zhu Y. Um filtro composto de nanotubos de carbono/cerâmica altamente eficiente e versátil. *Carbon.* 2013;54:215-223.

Pirkanniemi K., Sillanpää M. Heterogeneous water phase catalysis as an environmental application: Uma revisão. *Chemosphere.* 2002;48:1047-1060.

Qin L., Zeng Z., Zeng G., Lai C., Duan A., Xiao R., Huang D., Fu Y., Yi H., Li B., et al. Desempenho catalítico cooperativo do nanocatalisador bimetálico Ni-Au para uma hidrogenação altamente eficiente de nitroaromáticos e correspondente perceção do mecanismo. *Appl. Catal. B Environ.* 2019;259:118035.

Raza M., Kanwal Z., Rauf A., Sabri A., Riaz S., Naseem S. Size- and Shape-Dependent Antibacterial Studies of Silver Na-noparticles Synthesized by Wet Chemical Routes. *Nanomateriais.* 2016;6:74.

Reddy D.H.K., Lee S.-M. Aplicação de compósitos magnéticos de quitosana para a remoção de metais tóxicos e corantes de soluções aquosas. *Adv. Coll. Interface Sci.* 2013:68-93

Rikta S.Y. *Nanotechnology in Water and Wastewater Treatment.* Elsevier; Amesterdão, Países Baixos: 2019. Application of Nanoparticles for Disinfection and Microbial Control of Water and Wastewater; pp. 159-176.

Riquelme M.V., Leng W., Carzolio M., Pruden A., Vikesland P. Nanosensores de ouro funcionalizados com oligonucleótidos estáveis para a monitorização de biocontaminantes ambientais. *J. Environ. Sci.* 2017;62:49-59.

Robichaud C.O., Uyar A.E., Darby M.R., Zucker L.G., Wiesner M.R. Estimates of upper bounds and trends in nano-TiO_2 pro-duction as a basis for exposure assessment. *Environ. Sci. Technol.* 2009;43:4227-4233.

Rueda-Marquez J.J., Levchuk I., Fernández Ibañez P., Sillanpää M. A critical review on application of photocatalysis for tox-icity reduction of real wastewaters. *J. Clean. Prod.* 2020;258:120694.

Samarghandi M.R., Al-Musawi T.J., Mohseni-Bandpi A., Zarrabi M. Adsorção de cefalexina de uma solução aquosa utilizando zeólito natural e zeólito revestido com nanopartículas de óxido de manganês. *J. Mol. Liq.* 2015;211:431-441.

Saravanan R., Gracia F., Stephen A. Princípios Básicos, Mecanismo e Desafios da Fotocatálise. Em: Khan M., Pradhan D., Sohn Y., editores. *Nanocompósitos para fotocatálise induzida por luz visível.* Springer; Cham, Suíça: 2017. pp. 19-40.

Schmidt-Mende L., MacManus-Driscoll J.L. ZnO-Nanostructures, defects, and devices. *Mater Today.* 2007;10:40-48.

Scoville S. *Nanotechnology Safety.* Elsevier; Amesterdão, Países Baixos: 2013. Implications of Nanotechnology Safety of Sensors on Homeland Security Industries (Implicações da segurança nanotecnológica dos sensores nas indústrias de segurança interna); pp. 175-194.

Shon H.K., Phuntsho S., Chaudhary D.S., Vigneswaran S., Cho J. Nanofiltração para o tratamento de água e de águas residuais - Uma pequena revisão. *Drink. Água Eng. Sci.* 2013;6:47-53.

Singh H., Bamrah A., Bhardwaj S.K., Deep A., Khatri M., Kim K.-H., Bhardwaj N. Nanomaterial-based fluorescent sensors for the detection of lead ions. *J. Hazard. Mater.* 2020;407:124379.

Strathmann H., Giorno L., Piacentini E., Drioli E. *Comprehensive Membrane Science and Engineering.* Elsevier; Oxford, Reino Unido: 2017. 1.4 Aspectos Básicos na Preparação de Membranas Poliméricas; pp. 65-84.

Sukhanova A., Bozrova S., Sokolov P., Berestovoy M., Karaulov A., Nabiev I. Dependence of Nanoparticle Toxicity on Their Physical and Chemical Properties. *Nanoscale Res. Lett.* 2018;13:1-21.

Talari F.F., Bozorg A., Faridbod F., Vossoughi M. Um novo nanosensor sensível baseado em aptâmero utilizando rGQDs e MWCNTs para a deteção rápida do pesticida diazinon. *J. Environ. Chem. Eng.* 2021;9:104878.

Thanuttamavong M., Yamamoto K., Oh J.I., Choo K.H., Choi S.J. Caraterísticas de rejeição de poluentes orgânicos e inorgânicos por nanofiltração a ultra baixa pressão de águas superficiais para tratamento de água potável. *Desalination.* 2002;145:257-264.

Torabian A., Kazemian H., Seifi L., Bidhendi G.N., Azimi A.A., Ghadiri S.K. Remoção de hidrocarbonetos aromáticos do petróleo por zeólito natural modificado com surfactante: O Efeito do Surfactante. *CLEAN-Soil Air Water.* 2010;38:77-83.

Van Asselt A., Te Giffel M.C. *Understanding Pathogen Behaviour (Compreender o comportamento dos agentes patogénicos).* Elsevier; Amesterdão, Países Baixos: 2005. Pathogen resistance and adaptation to disinfectants and sanitisers; pp. 484-506.

Vikesland P.J. Nanosensores para a monitorização da qualidade da água. *Nat. Nanotechnol.* 2018;13:651-660.

Vikesland P.J., Wigginton K.R. Nanomaterial Enabled Biosensors for Pathogen Monitoring-A Review (Biossensores com base em nanomateriais para a monitorização de agentes patogénicos - uma revisão). *Environ. Sci. Technol.* 2010;44:3656-3669.

Wang H., Zhou Y., Jiang X., Sun B., Zhu Y., Wang H., Su Y., He Y. Captura, deteção e inativação simultâneas de bactérias através de um chip multifuncional de dispersão Raman melhorada pela superfície. *Angew. Chem. Int. Ed.* 2015;54:5132-5136.

Westerhoff P., Alvarez P., Li Q., Gardea-Torresdey J., Zimmerman J. Overcoming implementation barriers for nanotechnology in drinking water treatment. *Environ. Sci. Nano. R. Soc. Chem.* 2016;3:1241-1253.

Westerhoff P.K., Kiser M.A., Hristovski K. Nanomaterial Removal and Transformation During Biological Wastewater Treatment (Remoção e transformação de nanomateriais durante o tratamento biológico de águas residuais). *Environ. Eng. Sci.* 2013;30:109-117.

Wong K.-A., Lam S.-M., Sin J.-C. Estruturas de ZnO sintetizadas quimicamente por via húmida para fotodegradação de efluentes pré-tratados de fábricas de óleo de palma e atividade antibacteriana. *Ceram. Int.* 2019;45:1868-1880.

Xiu Z.-M., Zhang Q.-B., Puppala H.L., Colvin V.L., Alvarez P.J.J. Negligible Particle-Specific Antibacterial Activity of Silver Nanoparticles. *Nano Lett.* 2012;12:4271-4275.

Yosefi L., Haghighi M., Allahyari S. Síntese solvotérmica de p-BiOI/n-$ZnFe_2O_4$ em forma de flor com um nanofotocatalisador reforçado, acionado por luz visível, utilizado na remoção de laranja ácido 7 de águas residuais. *Sep. Purif. Technol.* 2017;178:18-28.

Zhang C., Lai C., Zeng G., Huang D., Yang C., Wang Y., Zhou Y., Cheng M. Eficácia de nanocompósitos carbonáceos para sorver antibiótico ionizável sulfametazina de solução aquosa. *Water Res.* 2016;95:103-112.

Zhang C., Li Y., Zhang W., Wang P., Wang C. Efeitos virucidas sem metais induzidos por g-C3N4 sob irradiação de luz visível: Análise estatística e otimização de parâmetros. *Chemosphere.* 2018;195:551-558.

Zhang D., Li G., Yu J.C. Inorganic materials for photocatalytic water disinfection. *J. Mater. Chem.* 2010;20:4529-4536.

Zhang S., Jin L., Liu J., Wang Q., Jiao L. Um nanosensor à base de pontos de carbono emissivos amarelos sem rótulo para a deteção ratiométrica sensível e selectiva de crómio (VI) em amostras ambientais de água. *Mater. Chem. Phys.* 2020;248:122912.

Zhang T., Yu H., Li J., Song H., Wang S., Zhang Z., Chen S. Tecido de algodão antimicrobiano ativado por luz verde para desinfeção de águas residuais. *Mater. Hoje Física.* 2020;15:100254.

Zhao J., Yan P., Snow B., Santos R.M., Chiang Y.W. Espumas microestruturadas de cobre e níquel metálico para desinfeção de águas residuais: Prova de conceito e aumento de escala. *Process. Saf. Environ. Prot.* 2020;142:191-202.

Zhao Y., Zhang B., Zhang X., Wang J., Liu J., Chen R. Preparação de zeólito NaA cúbico altamente ordenado a partir de mineral de haloisite para adsorção de iões de amónio. *J. Hazard. Mater.* 2010;178:658-664.

Printed by Books on Demand GmbH, Norderstedt / Germany